职业教育校企合作"互联网+"新形态教材

电力拖动技术项目教程

主　　编　周建清　邓玉良
副 主 编　缪秋芳　康　海　蒋华平
参　　编　王金娟　蒋小武　韩　海
　　　　　殷初鑫　顾旭松
主　　审　陈雪艳

机械工业出版社

本书从职业教育的实际出发，以任务为引领，以生产实践为主线，采用项目化的形式，对三相笼型异步电动机控制的知识与技能进行重新建构，突出"够用实用、做学合一"。

本书包括两个单元，共 12 个项目，主要内容有点动正转控制电路、具有过载保护的接触器自锁正转控制电路、接触器联锁的正反转控制电路、工作台自动往返控制电路、两台电动机顺序起动逆序停止控制电路、丫-△减压起动控制电路、双速电动机低速起动高速运转控制电路、单向运转反接制动控制电路，以及 CA6140 型卧式车床、Z3050 型摇臂钻床、MA1420A 型万能外圆磨床和 XA6132 型万能铣床电气控制电路的故障诊断。本书内容新颖、形式活泼、图文并茂、通俗易懂。

本书可作为五年制高职院校电气类、机电类、智能制造类专业教材，也可作为电气、机械加工技术等相关专业及技术人员的参考用书。

为方便教学，本书配套动画及视频资源，以二维码形式呈现于书中，还配套 PPT 课件、电子教案等资源，选用本书作为授课教材的教师可登录机械工业出版社教育服务网 www.cmpedu.com 注册，并免费下载。

图书在版编目（CIP）数据

电力拖动技术项目教程 / 周建清，邓玉良主编．—北京：机械工业出版社，2022.11（2025.1 重印）

职业教育校企合作"互联网+"新形态教材

ISBN 978-7-111-71896-3

Ⅰ．①电… Ⅱ．①周… ②邓… Ⅲ．①电力传动-高等职业教育-教材 Ⅳ．① TM921

中国版本图书馆 CIP 数据核字（2022）第 199829 号

机械工业出版社（北京市百万庄大街 22 号　邮政编码 100037）
策划编辑：赵红梅　　　　责任编辑：赵红梅　杨晓花
责任校对：李　杉　张　薇　封面设计：王　旭
责任印制：刘　媛
涿州市般润文化传播有限公司印刷
2025 年 1 月第 1 版第 3 次印刷
210mm×285mm・13.5 印张・360 千字
标准书号：ISBN 978-7-111-71896-3
定价：39.80 元

电话服务	网络服务
客服电话：010-88361066	机　工　官　网：www.cmpbook.com
010-88379833	机　工　官　博：weibo.com/cmp1952
010-68326294	金　书　网：www.golden-book.com
封底无防伪标均为盗版	机工教育服务网：www.cmpedu.com

前言

电力拖动技术训练是职业院校电气类、机电类专业的核心技能课程,其目的是帮助学生掌握安装、调试和维修电力拖动控制电路的专业技能,培养学生的综合职业能力和职业素养。本书贯彻"立德树人"的核心教育理念,坚持"校企合作、产教融合"的职业教育特色,从学生的认知规律出发,以能力为本位,以工作任务为引领,以生产实践为主线,采用项目式的教学手段,对专业知识、技能进行重新建构,突出学生职业技能的培养,力争"做学合一"。

本书具有以下特点:

1)课程思政,融入工匠素养。本书共 12 个项目,每个项目明确素养目标,编有"素养加油站",培养学生家国情怀、社会价值观、职业道德及工匠精神等。同时,充分挖掘课程蕴含的素养元素,将其渗透于任务准备、工作流程、操作规范、质量验收、技术革新等任务实施环节中,潜移默化地培养学生"规范操作、精益求精、创新实用、技道合一"的工匠素养。

2)岗课融合,对接企业生产过程,将教学内容项目化。本书坚持"工学结合、校企合作"的人才培养模式,精选 12 个企业生产项目,进行项目化构架,将 DECUM 分析的岗位工作任务和专项能力所含的专业知识和专业技能全部嵌入其中。创设企业生产情境,对接企业生产实际,将工作任务、生产领料、资讯收集、作业指导、质量记录等企业生产流程贯穿其间。

3)赛教融合,转化大赛成果,惠普职校学生。本书力求解决技能大赛"精英"受益的缺点,链接全国技能大赛电气安装与维修项目,将其资源碎片化、教学化,优化课程标准,将大赛内容融入教材内容、大赛评价融入质量评价等,实现大赛成果转化。

4)证教融合,对接职业资格认证标准。本书参照电工职业资格认证标准,将考核要求、考核课题和评价标准融入其中,便于学生掌握中级电工的电路安装与机床检修等职业技能。

5)任务驱动、目标渗透。本书坚持以任务为引领,以学生行为为导向,突出专业技能的培养和职业习惯的养成,力求做到"学做合一、理实一体"。每一个项目的初始处均告知工作任务和生产流程图,流程图对总任务进行了学习流程、作业工序的分解,让学生对学习任务及施工流程了然于心,且学习目标简单明确,各任务便于实施,容易达成。整个项目贯穿了由做导学、先学后做、由做再学的主线,按照学懂必备知识、学会必备技能再作业施工、总结分析、学习提高的顺序,对知识、技能进行了编排,同时通过更多的操作小任务将知识点、技能点融入其中,将学习内容鲜活化,使学习小目标得以渗透。

6)关注技术的发展,突出"实用、会用"。本书紧随现代技术的发展,选择新产品,学习新技术,弱化理论分析,紧紧围绕施工任务的需要,力求会识读、能看懂,看懂了便能做。每个任务的施工流程清晰、方法明确,让学生在实施任务过程中学会电路安装与维修的方法,熟悉电路安装、电路检测、设备调试、现场清理及设备验收等作业流程,满足企业岗位的要求。

7）融入职业活动的真实场景，便于团队协作分工。本书以工作场所为中心开展教学活动，每个项目可独立施工，也可团队合作完成。项目施工的各环节任务明确，均有对应的作业指导，小组可根据任务流程进行任务分工，电路安装独立施工，功能调试必须由调试操作和安全监护两人合作完成，便于开展独立探究教学和小组合作教学，培养学生沟通、协作的职业能力。

8）本书图文并茂、通俗易懂。每个项目使用数十张图片代替语言文字，表现形式直观易懂，一目了然，提高了可读性，激发学生的学习兴趣，降低学生的认知难度，符合当下学生的实际情况，便于自主学习。

9）本书将操作内容、操作方法、操作步骤、学习知识、注意事项设计成施工记录表单，渗透各个项目的知识点与小任务，将学生操作具体化、有章可循、步骤清晰、方法明了，从而提高了内容的可操作性。同时，施工记录表单中含有标准值，学生可直接将自己的记录值与标准值进行比对，达到自我评价的效果。

本书由武进技师学院、江苏省金坛中等专业学校及浙江力控科技有限公司校企合作编写，周建清、邓玉良任主编，缪秋芳、康海、蒋华平任副主编，王金娟、蒋小武、韩海、殷初鑫及顾旭松参与了编写工作。本书由常州市高级职业技术学校陈雪艳主审，在编写过程中得到了常州市周建清名师工作室成员的大力支持与帮助，他们对本书提出了许多宝贵的意见，在此表示衷心的感谢！

由于编者水平有限，书中难免有错漏之处，恳请读者批评指正。

编者

二维码索引

名称	二维码	页码	名称	二维码	页码
项目1		2	项目7		92
项目2		20	项目8		107
项目3		34	项目9		120
项目4		47	项目10		136
项目5		61	项目11		153
项目6		73	项目12		171

前　言
二维码索引

第1单元　电动机的基本控制电路 ······················· 1
项目1　点动正转控制电路 ·································· 2
项目2　具有过载保护的接触器自锁正转控制电路 ··········· 20
项目3　接触器联锁的正反转控制电路 ······················ 34
项目4　工作台自动往返控制电路 ·························· 47
项目5　两台电动机顺序起动、逆序停止控制电路 ············ 61
项目6　Y-△减压起动控制电路 ····························· 73
项目7　双速电动机低速起动、高速运转控制电路 ············ 92
项目8　单向运转反接制动控制电路 ······················· 107

第2单元　常用机床控制电路的故障诊断 ················ 119
项目9　CA6140型卧式车床电气控制电路的故障诊断 ········· 120
项目10　Z3050型摇臂钻床电气控制电路的故障诊断 ········· 136
项目11　MA1420A型万能外圆磨床电气控制电路的故障诊断 ··· 153
项目12　XA6132型万能铣床电气控制电路的故障诊断 ········ 171

附录 ·· 190
附录A　电工中级操作技能考核试卷 ························· 191
附录B　常用电器、电机图形与文字符号 ····················· 207

参考文献 ·· 210

第1单元 电动机的基本控制电路

项目 1

点动正转控制电路

项目 1

一、学习目标

1）会识别、使用 RL1-15 型螺旋式熔断器、CJT1-10 型交流接触器和 LA4-3H 型按钮。
2）会识读点动正转控制电路图和接线图，并能说出电路的动作顺序。
3）会板前布线，能根据电路图正确安装与调试点动正转控制电路。
4）知道匠心筑梦的精神内涵，并融入生产实践中，争做匠心筑梦的时代工匠。

二、工作任务

随着技术的转型升级，常州某机械制造有限公司投产大型机械设备的加工制造项目，为减小劳动强度、优化加工流程、提高生产效率，公司将建设改造生产加工二车间，在二车间的上方安装行车，如图 1-1 所示，以便机械加工人员点动调整及搬运工件。

公司电工一班的任务为安装与调试行车的点动正转控制电路，实现电动机点动正转控制功能，即按下起动按钮，电动机正转；松开起动按钮，电动机停转。学习生产流程如图 1-2 所示。

图 1-1 行车

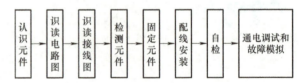

图 1-2 学习生产流程

三、生产领料

按表 1-1 到电气设备仓库领取施工所需的工具、设备及材料。

表 1-1 工具、设备及材料清单

序号	分类	名称	型号规格	数量	单位	备注
1	工具	常用电工工具		1	套	
2		万用表	MF47	1	只	

（续）

序号	分类	名称	型号规格	数量	单位	备注
3	设备	熔断器	RL1-15	5	只	
4		熔管	5A	3	只	
			2A	2	只	
5		交流接触器	CJT1-10，380V	1	只	
6		按钮	LA4-3H	1	只	
7		三相笼型异步电动机	0.75kW，380V，Y联结	1	台	
8		接线端子	TD-1520	1	只	
9		安装网孔板	600mm×700mm	1	块	
10		三相电源插头	16A	1	只	
11	材料	铜导线	BV-1.5 mm^2	6	m	
12			BV-1.5 mm^2	2	m	双色
13			BV-1.0 mm^2	3	m	
14			BVR-0.75 mm^2	2	m	
15		紧固件	M4×20 螺钉	若干	只	
16			M 4 螺母	若干	只	
17			ϕ4mm 垫圈	若干	只	
18		编码管	ϕ1.5mm	若干	m	
19		编码笔	小号	1	支	

注：BV—铜芯聚氯乙烯绝缘导线，BVR—铜芯聚氯乙烯绝缘软导线。例如，规格为 BV-1.5mm^2 的导线是指截面积为 1.5mm^2 的单芯铜芯聚氯乙烯绝缘导线，BVR-0.75 mm^2 的导线则是指截面积为 0.75mm^2 的铜芯聚氯乙烯绝缘软导线。

四、资讯收集

必备的专业知识是实施任务的首要条件，施工者应搜集与行车点动正转控制电路装调任务相关的元器件、电路原理等信息。

1. 认识元件

生产机械广泛应用于工业、农业、交通运输业等领域中，主要依靠电动机进行拖动。为保证电动机运行的可靠性与安全性，常需要使用一些辅助元件，这些元件一般具有自动控制、保护、监视和测量等功能。

（1）熔断器　熔断器是一种广泛应用、简单有效的保护电器，图 1-3 为 RL1 系列螺旋式熔断器。RL1 系列螺旋式熔断器适用于额定电压至 AC 500V、额定电流至 200A 的电路，在控制箱、配电屏和机床设备的电路中，主要用于短路保护。

图 1-3　RL1 系列螺旋式熔断器

1）型号及含义。RL1 系列螺旋式熔断器的型号及含义如下：

熔断器 —— 熔体额定电流
螺旋式 —— 熔断器额定电流
设计序号

2）主要技术参数。RL1 系列螺旋式熔断器的主要技术参数见表 1-2。

表 1-2 RL1 系列螺旋式熔断器的主要技术参数

熔断器额定电压 /V	熔断器额定电流 /A	熔体额定电流等级 /A	极限分断能力 /kA
500	15	2、4、6、10、15	2
	60	20、25、30、35、40、50、60	3.5
	100	60、80、100	20
	200	100、125、150、200	50

3）结构与符号。如图 1-4 所示，螺旋式熔断器由瓷帽、熔管、瓷套、上接线端子、下接线端子及瓷座组成。当电路发生短路或通过熔断器的电流达到甚至超过规定电流值时，熔管中的熔体熔断，从而分断电路，起到保护作用。图 1-4a 所示为接线时，电源进线端应接在下接线端子（低端子）上，电源出线端应接在上接线端子（高端子）上，以保证能安全地更换熔管。螺旋式熔断器的文字符号与图形符号如图 1-4b 所示。

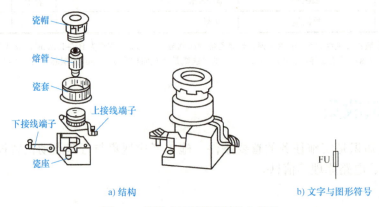

a) 结构　　　　　　　　　　　　b) 文字与图形符号

图 1-4 螺旋式熔断器的结构与符号

（2）按钮　按钮是一种最常用的主令电器，在电路中用于短时接通或分断小电流的控制信号，图 1-5 为部分 LA 系列按钮。LA 系列按钮适用于 AC 50Hz、额定工作电压至 AC 380V 或 DC 220V 的工业控制电路，在磁力起动器、接触器、继电器及其他电器的电路中，主要用于远程控制。

图 1-5 部分 LA 系列按钮

1）型号及含义。LA 系列按钮的型号及含义如下：

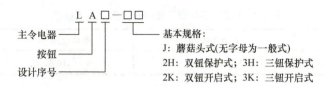

2）主要技术参数。LA4 系列按钮的主要技术参数见表 1-3。

表 1-3　LA4 系列按钮的主要技术参数

额定电压 /V	额定电流 /A	额定绝缘电压 /V	约定发热电流 /A	机械寿命
380	2.5	380	5	100 万次以上

3）结构与符号。如图 1-6 所示，按钮一般由按钮帽、复位弹簧、支柱连杆、桥式动触点、静触点和外壳等组成，通常做成复式按钮，即同时具有常开触点和常闭触点，当按钮未被按下时，其常开触点处于断开状态、常闭触点处于闭合状态；当按钮被按下时，其常开触点闭合、常闭触点断开。按钮的符号如图 1-7 所示。通过使用不同颜色的按钮帽来区分按钮的功能，常用红色、绿色、黑色、黄色、蓝色、白色、灰色等颜色，其中红色表示停止按钮和急停按钮，绿色表示起动按钮，黑色表示点动按钮，蓝色表示复位按钮，黑色、白色或灰色通常用于起动与停止交替动作的按钮。

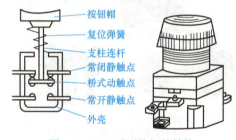

图 1-6　LA4 系列按钮的结构

图 1-7　按钮的符号

（3）交流接触器　交流接触器是一种用来接通或断开交流主电路和控制电路，并且能够实现远距离控制的电器。大多数情况下，它的控制对象是电动机，也可用于控制其他电力负载。交流接触器主要用于 AC 50Hz 或 60Hz、额定绝缘电压为 690V、额定工作电流为 9A 的电力系统中。图 1-8 为部分 CJT1 系列接触器。

图 1-8　部分 CJT1 系列接触器

1）型号及含义。CJT1 系列交流接触器的型号及含义如下：

2）主要技术参数。CJT1 系列交流接触器的主要技术参数见表 1-4。

表 1-4　CJT1 系列交流接触器的主要技术参数

线圈额定电压 U_s 等级 /V	电流等级 /A	吸合电压	释放电压
36、110、127、220、380	10、20、60、100、150	（85%～110%）U_s	（20%～75%）U_s

3）结构与符号。如图 1-9 所示，交流接触器由触点系统、电磁系统、灭弧装置及辅助结构等部分组成。当接触器的线圈得电时，在铁心中产生磁通及电磁吸力，此电磁吸力使衔铁克服弹簧反力和铁心吸合，从而带动其动触点动作，使常闭触点断开、常开触点闭合；当接触器的线圈失电时，电磁吸力小于弹簧反力，使衔铁释放，从而带动动触点复位，使其常开触点复位断开、常闭触点复位闭合。交流接触器的符号如图 1-10 所示。电路安装时，若接触器有散热孔，则应将有孔的一面置于垂直方向上；其他情况下，元件一般正向安装。

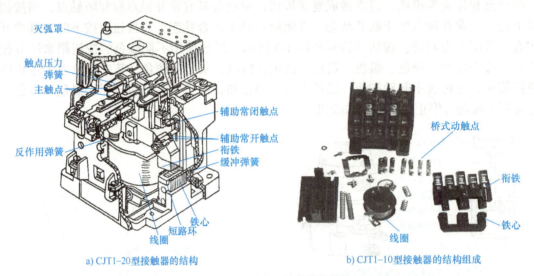

a) CJT1-20 型接触器的结构　　　　b) CJT1-10 型接触器的结构组成

图 1-9　CJ 系列交流接触器的结构

a) 线圈　　b) 主触点　　c) 辅助常开触点　　d) 辅助常闭触点

图 1-10　交流接触器的符号

（4）三相笼型异步电动机

1）结构与符号。三相笼型异步电动机的结构如图 1-11 所示，由定子和转子两个基本部分组成。定子主要由定子铁心、定子绕组和机座组成，转子主要由转子绕组和转子铁心组成。当三相定子绕组通入三相对称正弦交流电流时，在气隙中产生一个旋转磁场，此旋转磁场切割转子导体，产生感应电流。流有感应电流的转子导体在旋转磁场的作用下产生转矩，使转子旋转。根据左手定则可判断出转子的旋转方向与旋转磁场的旋转方向相同。常用小型三相笼型异步电动机的外形如图 1-12a 所示，三相笼型异步电动机的符号如图 1-12b 所示。

项目1 点动正转控制电路

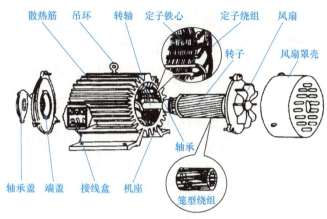

图 1-11 三相笼型异步电动机的结构

2）电动机的铭牌。在三相异步电动机的机座上装有铭牌，铭牌上标有电动机的型号和主要技术参数，供使用时参考。如图 1-13 所示，电动机的额定功率为 0.75kW、额定电流为 2.0A、额定转速为 1390r/min、额定电压为 380V、额定工作状态下的接法为丫联结。

图 1-12 三相笼型异步电动机的外形与符号

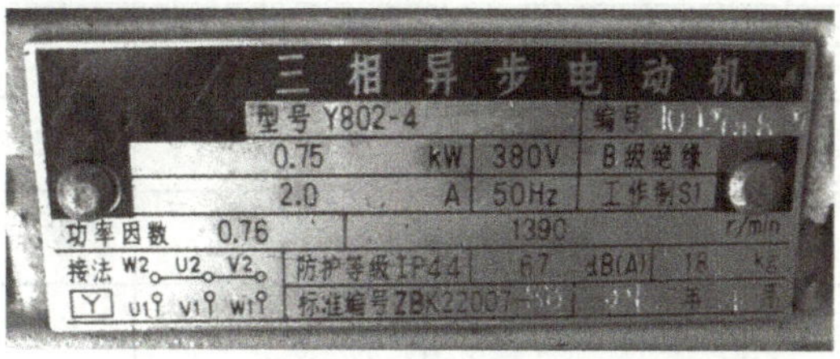

图 1-13 三相异步电动机的铭牌

3）电动机的出线端子。在电动机的接线盒内，可以看到如图 1-14 所示三相对称定子绕组的出线端子，其编号分别为 U1–U2、V1–V2 与 W1–W2。根据铭牌要求，定子绕组应采用丫联结，即 U2、V2 和 W2 短接，U1、V1 和 W1 接线电压为 380V 的三相电源，如图 1-15 所示。

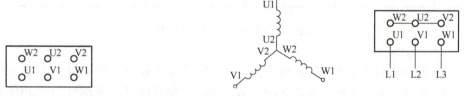

图 1-14 三相笼型异步电动机定子绕组的接线端子示意图　　图 1-15 三相笼型异步电动机定子绕组的丫联结示意图

2. 识读电路图

机械设备电气控制电路常用电路图、接线图和布置图表示。其中，电路图是根据生产机械运动形式对电气控制系统的要求，采用国家统一规定的电气图形符号和文字符号，按照电气设备的工作顺序，详细表示电路、设备或成套装置的基本组成和连接关系的图样。

点动正转控制电路如图 1-16 所示，它由电源电路、主电路和控制电路三部分组成。图中主电路在电源开关 QS 的出线端按相序依次编号为 U11、V11、W11，然后按从上至下、从左到右的顺序递增；控制电路的编号根据等电位原则，按从上至下、从左到右的顺序从 1 开始递增编号。

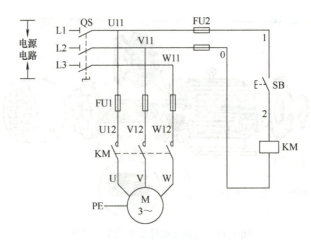

图1-16 点动正转控制电路

（1）电路组成　点动正转控制电路的组成及各元件的功能见表1-5。

表1-5　点动正转控制电路的组成及各元件的功能

序号	电路名称	电路组成	元件功能	备注
1	电源电路	QS	电源开关	水平绘制在电路图的上方
2		FU2	熔断器，用于控制电路的短路保护	
3	主电路	FU1	熔断器，用于主电路的短路保护	垂直于电源线，绘制在电路图的左侧
4		KM主触点	控制电动机的运转与停止	
5		M	电动机	
6	控制电路	SB	起动与停止	垂直于电源线，绘制在电路图的右侧
7		KM线圈	控制KM的吸合和释放	

（2）动作顺序　点动正转控制电路的动作顺序如下：

1）合上电源开关QS。

2）起动：按下SB→KM线圈得电→KM主触点闭合→电动机M得电运转。

3）停止：松开SB→KM线圈失电→KM主触点断开→电动机M失电停转。

3. 识读接线图

接线图根据电气设备和电气元件的实际位置、配线方式和安装情况绘制，主要用于安装接线和电路的检查维修。图1-17接线图中有电气元件的文字符号、端子号、导线号和导线类型、导线横截面积等信息。图中的每一个元件都是根据实际结构，使用与电路图相同的图形符号画在一起，用点画线框上，其文字符号以及接线端子的编号都与电路图中的标注一致，便于操作者对照、接线和维修。同时，接线图中的导线也有单根导线和导线组之分，凡导线走线相同的采用合并的方式，用线束表示，到达接线端子XT或电气元件时再分别画出。点动正转控制电路接线图的元件布置及布线情况见表1-6。

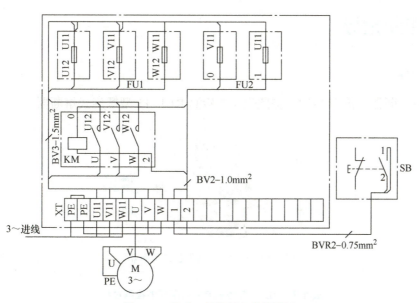

图 1-17 点动正转控制电路接线图

表 1-6 点动正转控制电路接线图的元件布置及布线一览表

序号	项目		具体内容	备注
1	元件位置		FU1、FU2、KM、XT	控制板上的元件均匀分布
2			电动机 M、SB	控制板的外围元件
3	控制板上元件的布线	控制电路走线	0 号线：FU2→KM	集束布线，也有分支，安装时使用 BV-1.0mm² 导线
4			1 号线：FU2→XT	
5			2 号线：KM→XT	
6		主电路走线	U11、V11：XT→FU1→FU2	集束布线，安装时使用 BV-1.5mm² 导线
7			W11：XT→FU1	
8			U12、V12、W12：FU1→KM	
9			U、V、W：KM→XT	
10			PE：XT→XT	使用 BV-1.5 mm² 双色线
11	外围元件的布线	按钮走线	1 号线：XT→SB	集束布线，安装时使用 BVR-0.75 mm² 软导线
12			2 号线：XT→SB	
13		电动机走线	U、V、W、PE：XT→M	
14		电源插头走线	U11、V11、W11、PE：电源→XT	

注意：安装板上的元件与外围元件的连接必须通过接线端子 XT 进行对接，图 1-18 为 TD-1520 型接线端子。

图 1-18 TD-1520 型接线端子

— 9 —

五、作业指导

1. 检测元件

（1）检测熔断器　读图 1-19，按照表 1-7 检测 RL1-15 型螺旋式熔断器。

图 1-19　RL1-15 型螺旋式熔断器

表 1-7　RL1-15 型螺旋式熔断器的检测过程

序号	检测任务	检测方法	参考值	检测值	要点提示
1	熔断器的型号	位置在瓷帽上	RL1-15		
2	观察上、下接线端子的高度区别		有低高之分		低端子为进线端子，高端子为出线端子
3	检测、判别熔断器的好坏	将万用表置 $R \times 1\Omega$ 挡，调零后，将两表笔分别搭接 FU 的上、下接线端子	阻值约为 0Ω		若阻值为 ∞，说明熔体已熔断或瓷帽未旋好，造成接触不良
4	看熔管的色标	从瓷帽玻璃向里看	有色标		若色标已掉，说明熔体已熔断
5	读熔管的额定电流	旋下瓷帽，取出熔管	5A		

（2）检测按钮　读图 1-20，按照表 1-8 检测 LA4-3H 型按钮。

图 1-20　LA4-3H 型按钮的触点系统

表 1-8　LA4-3H 型按钮的检测过程

序号	检测任务	检测方法	参考值	检测值	要点提示
1	看 3 个按钮的颜色	看按钮帽的颜色	绿、黑、红		绿色、黑色为起动，红色为停止
2	逐一观察 3 个常闭按钮	先找到对角线上的接线端子	动触点闭合在常闭静触点上		
3	逐一观察 3 个常开按钮	先找到另一个对角线上的接线端子	动触点与静触点处于分断状态		

- 10 -

（续）

序号	检测任务	检测方法	参考值	检测值	要点提示
4	按下按钮，观察触点的动作情况	边按边看	常闭触点先断开，常开触点后闭合		动作顺序有先后
5	松开按钮，观察触点的复位情况	边松边看	常开触点先复位，常闭触点后复位		复位顺序有先后
6	检测判别常闭按钮的好坏	常态时，测量各常闭按钮的阻值	阻值均约为0Ω		若所测量阻值与参考阻值不同，则说明按钮已损坏或接触不良
		按下按钮后，再测量其阻值	阻值均为∞		
7	检测判别常开按钮的好坏	常态时，测量各常开按钮的阻值	阻值均为∞		
		按下按钮后，再测量其阻值	阻值均约为0Ω		

（3）检测交流接触器　读图1-21，按照表1-9检测CJT1-10型交流接触器。

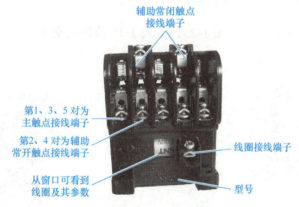

图1-21　CJT1-10型交流接触器接线端子

表1-9　CJT1-10型交流接触器的检测过程

序号	检测任务	检测方法	参考值	检测值	要点提示
1	接触器的铭牌	位于接触器的侧面	有型号、额定电压、额定电流等		使用时，规格选择必须正确
2	接触器线圈的额定电压	看线圈的标签	380V 50Hz		同一型号的接触器线圈有不同的电压等级
3	找到线圈的接线端子	见图1-21	A1-A2		编号标于接触器的顶部面罩上
4	找到3对主触点接线端子		1L1-2T1 3L2-4T2 5L3-6T3		
5	找到两对辅助常开触点接线端子		13-14 43-44		
6	找到两对辅助常闭触点接线端子		21-22 31-32		

（续）

序号	检测任务	检测方法	参考值	检测值	要点提示
7	检测、判别两对辅助常闭触点的好坏	常态时，测量各常闭触点的阻值	阻值均约为 0Ω		若所测量阻值与参考阻值不同，则说明触点已损坏或接触不良
7	检测、判别两对辅助常闭触点的好坏	压下接触器后，再测量其阻值	阻值均为 ∞		若所测量阻值与参考阻值不同，则说明触点已损坏或接触不良
8	检测、判别5对常开触点的好坏	常态时，测量各常开触点的阻值	阻值均为 ∞		若所测量阻值与参考阻值不同，则说明触点已损坏或接触不良
8	检测、判别5对常开触点的好坏	压下接触器后，再测量其阻值	阻值均约为 0Ω		若所测量阻值与参考阻值不同，则说明触点已损坏或接触不良
9	检测、判别接触器线圈的好坏	将万用表置 $R×100Ω$ 挡，调零后测量线圈的阻值	阻值约为 550Ω		若阻值过大或过小，则说明接触器线圈已损坏
10	测量各触点接线端子之间的阻值	万用表置 $R×10kΩ$ 挡，调零后测量	阻值均为 ∞		说明所有触点都是独立的，没有电的直接联系

注：1. 接线端子标志 L 表示主电路的进线端子，标志 T 表示主电路的出线端子。
　　2. 标志的个位数是功能数，1、2 表示常闭触点电路，3、4 表示常开触点电路。
　　3. 标志的十位数是序列数。
　　4. 不同类型或不同电压等级的线圈，其阻值不相等。

（4）检测电动机　读图1-22、图1-23，按表1-10检测电动机。

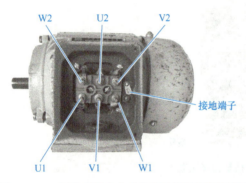

图1-22　三相笼型异步电动机定子绕组的接线端子

图1-23　三相笼型异步电动机定子绕组的丫联结

表1-10　电动机的检测过程

序号	检测任务	检测方法	参考值	检测值	要点提示
1	电动机的铭牌	位于电动机的侧面	有型号、额定电压、额定电流等		使用时，规格选择必须正确
2	电动机的额定电压	铭牌中央位置	380V 50Hz		
3	电动机的接法	铭牌左下角位置	丫联结		标识为额定工作状态下的接法
4	找到电动机3对绕组及接地端子	见图1-22	U1－U2 V1－V2 W1－W2 PE		编号标于接线端子的下方
5	找到上接线端	见图1-23	U2、V2、W2		采用丫联结短接
6	找到下接线端	见图1-23	U1、V1、W1		电源接线端

项目1 点动正转控制电路

2. 固定元件

根据接线图1-17固定各元件。各元件的位置应排列整齐、均匀，间距合理，以便于更换元件。紧固时要用力均匀，紧固程度适当，防止用力过猛而损坏元件。

（1）螺旋式熔断器　如图1-24所示，安装螺旋式熔断器时，应遵循低进高出的原则，即电源进线必须接瓷座的上接线端子，负载线必须接螺纹壳的下接线端子。这样在更换熔管时，旋出螺帽后的螺纹壳才不会带电，才能确保操作者的安全。

（2）CJT1-10型交流接触器　如图1-24所示，为了便于维修人员看到接触器线圈的额定电压值，CJT1-10型交流接触器的小窗口应朝上。

（3）按钮　通常选绿色按钮为起动按钮。固定时，按钮盒的穿线孔应朝下，以便于接线。

3. 配线安装

根据接线图1-17和表1-6安装点动正转控制电路。

（1）板前配线安装　如图1-25所示，板前配线时应遵循以接触器为中心，由里向外，由低至高，先安装控制电路，再安装主电路的原则，工艺要求如下：

图1-24　熔断器及接触器的安装

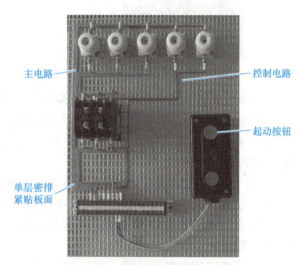

图1-25　点动正转控制电路安装板

① 必须按图施工，根据接线图布线。

② 布线的通道要尽可能少，同路并行导线按主、控电路分类集中，单层密排，紧贴安装板。

③ 如图1-26所示，布线要横平竖直，分布均匀，应垂直改变走向。

图1-26　布线及导线编号

④ 同一平面的导线应高低一致和前后一致，不能交叉。对于非交叉不可的导线，应在接

线端子引出时就水平架空跨越，但必须合理走线。

⑤ 布线时严禁损伤线芯和导线绝缘。

⑥ 导线与接线端子连接时，不压绝缘层、不反圈及不露铜过长。

⑦ 要在每根剥去绝缘层的导线上套号码管，且同一个接线端子只套一个号码管，导线编号方式如图 1-26 所示。

板前配线安装包括控制电路安装和主电路安装。

1）安装控制电路。依次安装 0 号线、2 号线、1 号线。首次安装应注意以下几点：

① 绝缘层不要剥得过多、露铜过长（露铜部分不超过 0.5mm）。图 1-27 中的 3 根导线均露铜过长。

② 导线与 FU、SB 接线端子连接时应做成羊眼圈，不能反圈，也不能将导线全部固定在垫圈之下，或出现小股铜线分叉在接线端子之外的情况。图 1-28 为按钮线反圈，部分铜导线分叉在接线端子外，造成了安全隐患。

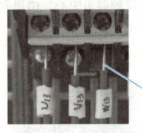

图 1-27　导线露铜

图 1-28　按钮接线不规范

③ 导线紧固前应套号码管，避免漏编号，且要注意线号的文字编写方向。

④ 起动按钮是常开按钮，不能接为常闭按钮。

2）安装主电路。依次安装 U11、V11、W11、U12、V12、W12、U、V、W、PE，工艺要求与控制电路一样。

（2）外围设备配线安装　连接外围设备与板上元件时，必须通过接线端子 XT 对接。

1）安装连接按钮。按照导线号与接线端子 XT 的下端对接。

2）安装电动机。连接电源连接线及金属外壳接地线，编好号后按照导线号与接线端子 XT 的下端对接。

3）连接三相电源插头线。将三相电源线的两端分别编好号，一端与三相电源插头相连，另一端按号码与接线端子 XT 的下端相连。如图 1-29 所示，连接三相电源插头时，要注意保护接地线（PE 线，以下简称接地线）必须接接地端子，同时接地线不能与相线对调，否则会出现安全事故。

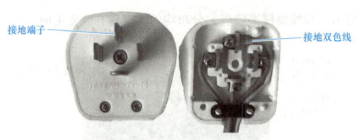

图 1-29　三相电源插头的连接

4. 自检

1）检查布线。对照接线图检查是否掉线、错线，是否漏编或错编号以及接线是否牢固等。

2）使用万用表检测。按表 1-11 使用万用表检测安装的电路，若测量阻值与正确阻值不符，应根据电路图检查是否有错线、掉线、错位、短路等情况。

表 1-11 使用万用表检测电路

序号	检测任务	操作方法		正确阻值	测量阻值	备注
1	检测主电路	测量 XT 的 U11 与 V11、U11 与 W11、V11 与 W11 之间的阻值	常态时，不操作任何元件	均为 ∞		$R \times 10k\Omega$ 挡
2			压下 KM	均为 M 两相定子绕组的阻值之和		$R \times 1\Omega$ 挡
3	检测控制电路	测量 XT 的 U11 与 V11 之间的阻值	按下 SB1	KM 线圈的阻值		$R \times 100\Omega$ 挡

5. 通电调试和故障模拟

（1）调试电路　经自检，确认安装的电路正确和无安全隐患后，在教师监护下，按表 1-12 通电试车。切记严格遵守安全操作规程，确保人身安全。

表 1-12 电路运行情况记录表

步骤	操作内容	观察内容	正确结果	观察结果	备注
1	先插上电源插头，再合上断路器	电源插头 断路器	已合闸		顺序不能颠倒
2	按下起动按钮 SB	接触器	吸合		单手操作 注意安全
		电动机	运转		
3	松开起动按钮 SB	接触器	释放		
		电动机	停转		
4	⚠ 拉下断路器后，拔下电源插头	断路器 电源插头	已分断		做了吗

（2）故障模拟　在实际工作中，经常会由于短路等原因造成熔断器熔体熔断，从而导致控制电路断开，出现电动机不能起动的现象。下面按表 1-13 模拟操作，观察故障现象。

表 1-13 故障现象观察记录表

步骤	操作内容	造成的故障现象	观察的故障现象	备注
1	旋松 FU2 的瓷帽			
2	先插上电源插头，再合上断路器	KM 不吸合，电动机不能起动		已送电，注意安全
3	按下起动按钮 SB			
4	⚠ 拉下断路器后，拔下电源插头			做了吗

（3）分析调试及故障模拟结果

1）按下起动按钮 SB，接触器 KM 得电吸合，电动机运转；松开按钮 SB，接触器 KM 失电释放，电动机停转，从而实现了电动机的点动正转控制。

2）旋松熔断器 FU2 后，按下起动按钮 SB，接触器 KM 不吸合，电动机不运转。由此可见，控制电路中的任何一处断开，接触器 KM 都不能得电吸合，势必造成主电路不工作。

6. 操作要点

1）电源进线应接熔断器的下接线端子，负载线应接熔断器的上接线端子。

2）固定元件时，用力要适中，不可过猛，防止损坏元件。接线固定拧紧时，紧固程度要适中，防止螺钉打滑。

3）软导线必须先拧成一束后，再插进接线端子内固定，严禁出现小股铜线分叉在接线端子外的情况。

4）电动机的外壳必须可靠接地。

5）通电调试前必须检查是否存在安全隐患，确认安全后，必须在教师监护下按照通电调试要求和步骤进行操作。

六、质量评价

项目质量考核要求及评分标准见表 1-14。

表 1-14　项目质量考核要求及评分标准表

考核项目	考核要求	配分	评分标准	扣分	得分	备注
元件安装	1. 按照接线图布置元件 2. 正确固定元件	10	1. 不按接线图固定元件，扣 10 分 2. 元件安装不牢固，每处扣 3 分 3. 元件安装不整齐、不均匀、不合理，每处扣 3 分 4. 损坏元件，每处扣 5 分			
电路安装	1. 按图施工 2. 合理布线，做到美观 3. 规范走线，做到横平竖直，无交叉 4. 规范接线，无线头松动、反圈、压皮、露铜过长及损伤绝缘层 5. 正确编号	40	1. 不按接线图接线，扣 40 分 2. 布线不合理、不美观，每根扣 3 分 3. 走线不横平竖直，每根扣 3 分 4. 线头松动、反圈、压皮、露铜过长，每处扣 3 分 5. 损伤导线绝缘或线芯，每根扣 5 分 6. 错编、漏编号，每处扣 3 分			
通电试车	按照要求和步骤正确调试电路	50	1. 主控电路配错熔管，每处扣 10 分 2. 一次试车不成功，扣 10 分 3. 二次试车不成功，扣 30 分 4. 三次试车不成功，扣 50 分			
安全生产	自觉遵守安全文明生产规程		1. 漏接接地线，每处扣 10 分 2. 发生安全事故，扣 20 分			
时间		4h	提前正确完成，每 5min 加 5 分；超过定额时间，每 5min 扣 2 分			
开始时间			结束时间		实际时间	

七、拓展提高——手动正转控制电路

正转控制电路只能控制电动机单向起动和停止,并带动生产机械运动部件朝一个方向旋转或运动。手动正转控制电路是通过开关来控制电动机单向起动和停止,在工厂中常被用来控制三相电风扇和砂轮机等设备。

图 1-30 所示的砂轮机就是用断路器来控制的。使用时,向上扳动断路器的开关,砂轮机开始转动进行磨刀;使用完后,向下扳动断路器的开关,砂轮机停转停止磨刀。当电路出现短路故障时,断路器会自动跳闸断开电路,起短路保护作用。

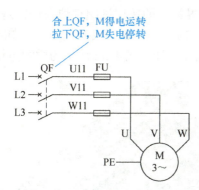

图 1-30 用断路器控制的手动正转控制电路

用负荷开关和组合开关控制的手动正转控制电路如图 1-31 所示,它直接通过开关 QS 控制电动机的起动与停止,合上 QS,电动机得电运转;拉下 QS,电动机失电停转。

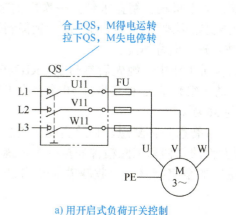 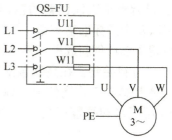

a) 用开启式负荷开关控制　　　　　　b) 用封闭式负荷开关控制

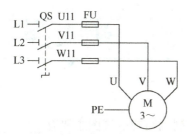

c) 用组合开关控制

图 1-31 用负荷开关和组合开关控制的手动正转控制电路

八、素养加油站

匠心筑梦

大国工匠，兢兢业业，在各自的岗位上发挥着奉献精神和优秀工匠的创造力，为实现"中国梦"而努力拼搏，成就中国由制造大国变成制造强国的梦想。正如中央电视台《大国工匠》纪录片的片首语提到："他们耐心专注，咫尺匠心，诠释极致追求；他们锲而不舍，身体力行，传承匠心精神；他们千锤百炼，精益求精，打磨中国制造。他们是劳动者，一念执着，一生坚守。"

CRH380A型列车曾经以世界第一的速度试跑京沪高铁，是中国高铁的一张国际名片。姚智慧就是打造这张名片的关键人物之一。她用灵巧的双手，娴熟地梳理、搭建列车系统密密麻麻的电线，取得了零差错的优异成绩。图1-32所示为姚智慧检查列车电线时的情景。

图1-32　姚智慧在检查列车电线

在工作中，姚智慧对工艺高标准、严要求，力求卓越，精益求精。一次次的精准训练，她将手套的拇指和食指尖剪下套上手指，只为能更精准地剥开电线的外皮，确保剥开的线头没有毛刺。她独创"干扰式"背诵法，将工艺技术理论倒背如流。

多年来，姚智慧把工匠创新的精神渗透到科研工作中，她先后参与了CRH380型动车、CRH5型动车以及中国标准动车组（"复兴号"动车组）等13种车型近50个重点工序的生产攻关任务，取得了多项创新成果，累计解决难题36项。

不忘初心，方得始终。在高铁装配车间里，姚智慧心怀梦想、脚踏实地，精益求精、勇于创新，将汗水播撒在工作岗位上。她以中国女性的坚韧和工匠精神迎接一个个挑战，创造一个个奇迹，用汗水和智慧擦亮了"中国制造"的金字招牌，也收获着属于自己的光荣与梦想。

习　题

一、填空题

1. 描述生产机械电气控制电路的电气图主要有_____、_____和_____。
2. 电路图一般分_____、_____和_____三部分绘制。
3. 电路图中，电气元件不画实际的外形图，而是采用国家统一规定的_____表示。
4. 电源进线应接在螺旋式熔断器的_____接线端子上，出线则应接在_____接线端子上。

5. 在进行电气控制电路安装时，主电路导线的截面积要根据电动机容量进行选配；控制电路导线一般采用截面积为_____mm² 的铜芯聚氯乙烯绝缘导线；按钮线一般采用截面积为_____mm² 的铜芯聚氯乙烯绝缘软导线；接地线一般采用截面积不小于_____mm² 的铜芯聚氯乙烯绝缘导线。

二、判断题

1. 所谓点动控制是指点一下按钮就可以使电动机起动并连续运转的控制方法。（　　）
2. 电路图中，一般主电路垂直画出时，辅助电路要水平画出。（　　）
3. 画电路图、布置图、接线图时，同一电器的各元件都要按它们的实际位置画在一起。（　　）
4. 电路图中，各电器的触点位置都按电路未通电或电器未受外力作用时的常态位置画出。（　　）
5. 安装控制电路时，对导线的颜色没有具体要求。（　　）

三、选择题

1. 同一电器的各元件在电路图和接线图中使用的图形符号、文字符号要（　　）。
   A. 基本相同　　　B. 不同　　　C. 完全相同
2. 主电路的编号在电源开关的出线端按相序依次为（　　）。
   A. U、V、W　　　B. L1、L2、L3　　　C. U11、V11、W11
3. 单台三相交流电动机（或设备）的三根引出线，按相序依次编号为（　　）
   A. U、V、W　　　B. L1、L2、L3　　　C. U11、V11、W11
4. 辅助电路编号按等电位原则，按从上至下、从左至右的顺序用（　　）依次编号。
   A. 数字　　　B. 字母　　　C. 数字或字母
5. 控制电路编号的起始数字是（　　）。
   A. 1　　　B. 0　　　C. 200

四、问答题

1. 什么是电路图？简述绘制、识读电路图应遵循的原则。
2. 什么是接线图？简述绘制、识读接线图应遵循的原则。
3. 如何判别螺旋式熔断器、按钮及交流接触器的质量好坏？
4. 什么是点动控制？分析判断如图 1-33 所示各控制电路是否能实现点动控制？若不能，试分析说明原因，并加以改正。

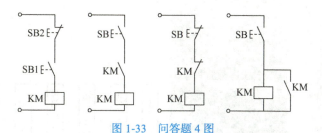

图 1-33　问答题 4 图

5. 简述点动正转控制电路的工作原理。若电路中交流接触器的主触点损坏，电路会出现何种故障？
6. 板前布线的工艺要求是什么？电路安装完毕应如何检测？
7. 简述点动正转控制电路的一般安装步骤。

项目 2

具有过载保护的接触器自锁正转控制电路

项目 2

一、学习目标

1）会识别、使用 JR36-20 型热继电器。
2）会识读具有过载保护的接触器自锁正转控制电路图和接线图，并能说出自锁的作用及电路的动作顺序。
3）能根据电路图正确安装与调试具有过载保护的接触器自锁正转控制电路。
4）知道爱岗敬业的精神内涵，并融入生产实践中，争做爱岗敬业的工匠。

二、工作任务

某夜，受副热带高压气流影响，某地区出现大暴雨，局部降水量达 100～200mm，造成某小区地下车库严重积水，如图 2-1 所示。为减少雨水造成的损失，小区物业公司采取紧急措施，在车库的入口处临时增装应急排水系统。

物业公司电工王师傅负责三相抽水电动机的装调，任务是安装与调试具有过载保护的接触器自锁正转控制电路。要求电路具有电动机连续运转控制功能，即按下起动按钮后，电动机连续运转；按下停止按钮后，电动机停转。学习生产流程如图 2-2 所示。

图 2-1 地下车库严重积水

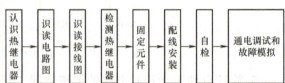

图 2-2 学习生产流程

三、生产领料

按表 2-1 到电气设备仓库领取施工所需的工具、设备及材料。

项目2 具有过载保护的接触器自锁正转控制电路

表 2-1 工具、设备及材料清单

序号	分类	名称	型号规格	数量	单位	备注
1	工具	常用电工工具		1	套	
2		万用表	MF47	1	只	
3		熔断器	RL1-15	5	只	
4		熔管	5A	3	只	
			2A	2	只	
5	设备	接触器	CJT1-10，380V	1	只	
6		热继电器	JR36-20	1	只	
7		按钮	LA4-3H	1	只	
8		三相笼型异步电动机	0.75kW，380V，Y联结	1	台	
9		端子	TD-1520	1	条	
10		安装网孔板	600mm×700mm	1	块	
11		三相电源插头	16A	1	只	
12	材料	铜导线	BV-1.5 mm²	5	m	
13			BV-1.5 mm²	2	m	双色
14			BV-1.0 mm²	3	m	
15			BVR-0.75 mm²	2	m	
16		紧固件	M4×20 螺钉	若干	只	
17			M 4 螺母	若干	只	
18			φ4 mm 垫圈	若干	只	
19		编码管	φ1.5 mm	若干	m	
20		编码笔	小号	1	支	

四、资讯收集

三相抽水电动机应连续工作，采用点动正转控制电路进行控制显然是不恰当的。而连续运行的电动机经常会出现负载过重、断相运行或欠电压运行等现象，会造成其定子绕组的电流过大而烧毁电动机。热继电器就是一个具有过载保护功能的低压电器。

1. 认识 JR36-20 型热继电器

热继电器是利用流过继电器电流所产生的热效应来反时限动作的自动保护电器。所谓反时限动作，是指电器的延时动作时间随通过其电路电流的增大而缩短。热继电器主要与接触器配合使用，用于电动机的过载保护、断相保护、电流不平衡运行保护以及其他电气设备的发热状态控制。图 2-3 为部分 JR36 系列热继电器。

JR36 系列热继电器主要用于 AC 50Hz/60Hz，额定电压至 690V，额定电流为 0.25～32A 的三相交流电动机的过载保护和断相保护。

图 2-3　部分 JR36 系列热继电器

（1）型号及含义　JR 系列热继电器的型号及含义如下：

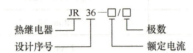

（2）主要技术参数　JR36-20 型热继电器的主要技术参数见表 2-2。

表 2-2　JR36-20 型热继电器的主要技术参数

类别	额定电压 /V	电流 /A	整定电流范围 /A	
主电路	690	20	0.25～0.35	3.2～5.0
			0.32～0.50	4.5～7.2
			0.45～0.72	6.8～11
			0.68～1.10	10～16
			1.0～1.6	14～22
			1.5～2.4	20～32
			2.2～3.5	
触点	380	0.47	约定驱动电流 /A	
			10	

（3）结构与符号　如图 2-4 所示，热继电器主要由驱动元件（也称发热元件）、触点系统、动作机构、整定电流装置、复位机构和温度补偿元件等组成。当电动机过载时，流过驱动元件的电流超过其整定电流（整定电流是指热继电器连续工作而不动作的最大电流），驱动元件所产生的热量足以使双金属片弯曲，从而推动导板向右移动，再通过杠杆推动触点系统动作，使常闭触点断开、常开触点闭合。使用热继电器时，需要将驱动元件串联在主电路中，将常闭触点串联在控制电路中。

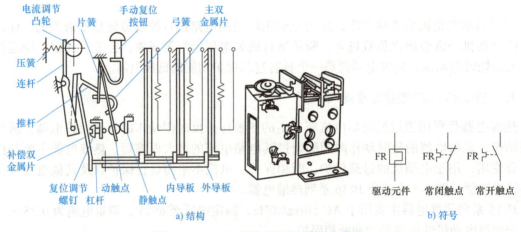

图 2-4　JR36-20 型热继电器的结构与符号

2. 识读电路图

图 2-5 为具有过载保护的接触器自锁正转控制电路。与点动正转控制电路相比较，其在主电路中串联了热继电器的驱动元件；在控制电路中串联了停止按钮 SB2 和热继电器常闭触点 FR；而在起动按钮 SB1 的两端则并联了接触器的辅助常开触点。

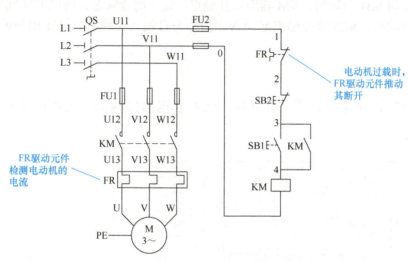

图 2-5 具有过载保护的接触器自锁正转控制电路

（1）电路组成　具有过载保护的接触器自锁正转控制电路的组成及各元件的功能见表 2-3。

表 2-3　具有过载保护的接触器自锁正转控制电路的组成及各元件的功能

序号	电路名称	电路组成	元件功能	备注
1	电源电路	QS	电源开关	水平绘制在电路图的上方
2		FU2	熔断器，用于控制电路短路保护	
3	主电路	FU1	熔断器，用于主电路短路保护	垂直于电源线，绘制在电路图的左侧
4		KM 主触点	控制电动机的运转与停止	
5		FR 驱动元件	驱动元件配合常闭触点用于电动机过载保护	
6		M	电动机	
7	控制电路	FR 常闭触点	过载保护	垂直于电源线，绘制在电路图的右侧
8		SB2	停止按钮	
9		SB1	起动按钮	
10		KM 辅助常开触点	接触器自锁触点	
11		KM 线圈	控制 KM 的吸合和释放	

（2）动作顺序　具有过载保护的接触器自锁正转控制电路的动作顺序如下：

1）先合上电源开关 QS。

2）起动：

— 23 —

3）停止：按下 SB2 → 自锁电路断开 → KM 线圈失电 →┬→ KM 辅助常开触点断开 ─┐
　　　　　　　　　　　　　　　　　　　　　　　　　└→ KM 主触点断开 ────────┴→ 电动机 M 失电停转。

松开起动按钮 SB1 的瞬间，KM 辅助常开触点还处于闭合状态，所以 KM 线圈仍然通电，接触器保持吸合状态，辅助常开触点起到的作用称为自锁。这种起自锁作用的辅助常开触点称为自锁触点。

3. 识读接线图

图 2-6 为具有过载保护的接触器自锁正转控制电路接线图，元件布置及布线情况见表 2-4。

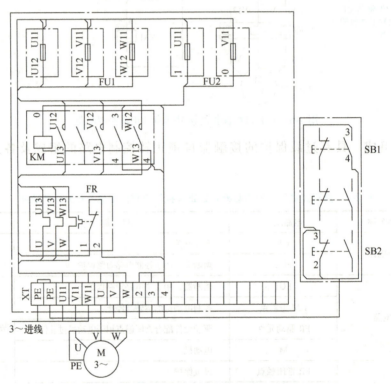

图 2-6　具有过载保护的接触器自锁正转控制电路接线图

表 2-4　具有过载保护的接触器自锁正转控制电路元件布置及布线一览表

序号	项目		具体内容	备注
1	元件位置		FU1、FU2、KM、FR、XT	控制板上的元件
2			电动机 M、SB1、SB2	控制板的外围元件
3	控制板上元件的布线	控制电路走线	0 号线：FU2 → KM	安装时使用 BV-1.0mm² 导线
4			1 号线：FU2 → FR	
5			2 号线：FR → XT	
6			3 号线：KM → XT	
7			4 号线：KM → KM → XT	

（续）

序号	项目		具体内容	备注
8	控制板上元件的布线	主电路走线	U11、V11：XT→FU1→FU2	安装时使用 BV-1.5mm² 导线
9			W11：XT→FU1	
10			U12、V12、W12：FU1→KM	
11			U13、V13、W13：KM→FR	
12			U、V、W：FR→XT	
13			PE：XT→XT	安装时使用 BV-1.5mm² 双色线
14	外围元件的布线	按钮走线	2号线：XT→SB2	安装时使用 BVR-0.75mm² 导线
15			3号线：XT→SB2→SB1	
16			4号线：XT→SB1	
17		电动机走线	U、V、W、PE：XT→M	
18		电源走线	U11、V11、W11、PE：电源→XT	

五、作业指导

1. 检测热继电器

读图2-7后，按表2-5检测JR36-20型热继电器。

图2-7　JR36-20型热继电器

表2-5　JR36-20型热继电器的检测过程

序号	检测任务	检测方法	参考值	检测值	要点提示
1	读热继电器的铭牌	铭牌贴在热继电器的侧面	标有型号、技术参数等		使用时，规格选择必须正确
2	找到整定电流调节旋钮	见图2-8	旋钮上标有整定电流值		
3	找到复位按钮		REST/STOP		
4	找到测试键	位于热继电器前侧的下方	TEST		

(续)

序号	检测任务	检测方法	参考值	检测值	要点提示
5	找到驱动元件接线端子	见图2-7	1/L1–2/T1 3/L2–4/T2 5/L3–6/T3		编号方法同交流接触器
6	找到常闭触点接线端子		95–96		编号写在对应的接线端子旁
7	找到常开触点接线端子		97–98		
8	检测、判别常闭触点的好坏	常态时，测量常闭触点的阻值	阻值约为0Ω		若测量阻值与参考阻值不同，则说明触点已损坏或接触不良
		动作测试键后，再测量其阻值	阻值为∞		
9	检测、判别常开触点的好坏	常态时，测量常开触点的阻值	阻值为∞		
		动作测试键后，再测量其阻值	阻值约为0Ω		

2. 固定元件

参照项目一的方法，按图2-6固定元件。如图2-8所示，安装热继电器时，一般将整定电流装置安装在右边，并要注意热继电器与其他电气元件的间距，以保证在进行热继电器的整定电流调整和复位时的安全性与方便性。

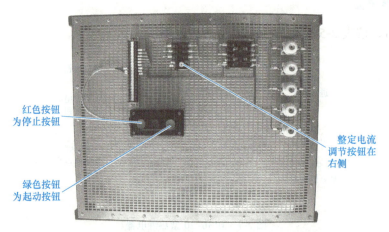

图2-8 具有过载保护的接触器自锁正转控制电路安装板

3. 配线安装

（1）板前配线安装　参照图2-8，遵循板前配线原则及工艺要求，按图2-6和表2-4进行板前配线。

1）安装控制电路。依次安装3号线、0号线、1号线、4号线和2号线。容易出错的地方有：

① 接触器的辅助常开触点接线错位或将线接至常闭触点上。在接线时，首先要选对辅助常开触点（接触器的第2对或第4对常开触点），再根据"面对面"的原则进行接线。如图2-9所示，KM辅助常开触点3号线的对面是接4号线。

图 2-9 "面对面"接线原则

② 热继电器的辅助常开触点接线错位。应将 1 号线、2 号线分别与热继电器的 95、96 号接线端子相连。

③ 起动按钮与停止按钮选择错误。如图 2-8 所示,必须将绿色按钮选用为起动按钮 SB1,将红色按钮选用为停止按钮 SB2,不可对调。同时应注意 SB1 为常开按钮,SB2 为常闭按钮。

2)安装主电路。依次安装 U11、V11、W11、U12、V12、W12、U13、V13、W13、U、V、W、PE。热继电器的接线应可靠,不可露铜过长。

(2)外围设备配线安装

1)安装连接按钮。依次连接按钮的 2、3 和 4 号线,再按照导线号与接线端子 XT 的下端对接。

2)安装电动机。连接电源连接线及金属外壳的接地线,按照导线号与接线端子 XT 的下端对接。

3)连接三相电源插头线。

4. 自检

1)检查布线。对照接线图检查是否掉线、错线,是否漏编或错编以及接线是否牢固等。

2)使用万用表检测。按表 2-6 使用万用表检测安装的电路,若测量阻值与正确阻值不符,应根据电路图检查是否有错线、掉线、错位或短路等情况。

表 2-6 使用万用表检测电路

序号	检测任务	操作方法	正确阻值	测量阻值	备注
1	检测主电路	测量 XT 的 U11 与 V11、U11 与 W11、V11 与 W11 之间的阻值	常态时,不动作任何元件 均为 ∞		
2			压下 KM 均为 M 两相定子绕组的阻值之和		
3	检测控制电路	测量 XT 的 U11 与 V11 之间的阻值	按下 SB1 KM 线圈的阻值		
4			压下 KM		

5. 通电调试和故障模拟

(1)调试电路 经自检,确认安装的电路正确和无安全隐患后,在教师的监护下,按表 2-7 通电试车。切记严格遵守安全操作规程,确保人身安全。

表 2-7　电路运行情况记录表

步骤	操作内容	观察内容	正确结果	观察结果	备注
1	旋转 FR 整定电流调节旋钮，将整定电流值设定为 10A（向右旋为调大，向左旋为调小）	整定电流值	10A		实际使用时，整定电流值为电动机额定电流的 0.95～1.05 倍
2	先插上电源插头，再合上断路器	电源插头 断路器	已合闸		顺序不能颠倒
3	按下起动按钮 SB1	接触器	吸合		
		电动机	运转		
4	松开起动按钮 SB1	接触器	吸合		单手操作 注意安全
		电动机	连续运转		
5	按下停止按钮 SB2	接触器	释放		
		电动机	停转		
6	按下起动按钮 SB1	接触器	吸合		
		电动机	运转		
7	拉下断路器	接触器	释放		外界断电时，电路停止工作；电源恢复正常后，电路不能自行起动
		电动机	停转		
8	合上断路器	接触器	不动作		
		电动机	不转		
9	 拉下断路器后，拔下电源插头	断路器 电源插头	已分断		做了吗

（2）故障模拟

1）过载保护模拟。对于连续运行的电动机，经常由于过载、断相等原因使热继电器动作，电动机失电停转，从而达到过载及断相保护的目的。下面按表 2-8 模拟操作，观察故障现象。

表 2-8　故障现象观察记录表（一）

步骤	操作内容	造成的故障现象	观察的故障现象	备注
1	先插上电源插头，再合上断路器			已送电，注意安全
2	按下起动按钮 SB1			起动
3	动作 FR 测试键	电动机运转过程中失电停转		模拟过载
4	 拉下断路器后，拔下电源插头			做了吗

2）点动故障模拟。实际工作中，触点磨损等原因会造成自锁触点接触不良，从而导致自锁电路断开，造成电动机只能点动运转，不能连续运行的现象。下面按表 2-9 模拟操作，观察故障现象。

项目2　具有过载保护的接触器自锁正转控制电路

表2-9　故障现象观察记录表（二）

步骤	操作内容	造成的故障现象	观察的故障现象	备注
1	拆下自锁触点上的4号线	接触器点动吸合，电动机点动运转		
2	先插上电源插头，再合上断路器			已送电，注意安全
3	按下起动按钮SB1			起动
4	松开起动按钮SB1			
5	⚠ 拉下断路器后，拔下电源插头			做了吗

（3）分析调试及故障模拟结果

1）按下起动按钮SB1，KM线圈得电吸合，电动机运转；松开按钮SB1后，KM线圈继续得电吸合，电动机连续运行；按下停止按钮SB2，KM线圈失电释放，电动机停转，实现了电动机连续运转控制。

2）当断开自锁电路后，KM只能点动吸合，不能保持；电动机只能点动运转，不能连续运行。由此可见，当自锁电路（3号线→自锁触点→4号线）的某处断开时，电路只有点动控制功能。

3）具有过载保护的接触器自锁正转控制电路具有过载保护功能。

4）具有过载保护的接触器自锁正转控制电路具有失电压保护功能。电路在电源断电后停止工作，接触器释放复位，当电源恢复供电时，控制电路都处于断开状态，电动机不会自行起动，从而保证了人身和设备安全。

同理，当电网电压低于吸合电压时，接触器释放，电动机停止运转，电动机不会因长期欠电压运行而烧毁，从而保证了电动机的安全。这就是接触器自锁控制电路的欠电压保护功能。

6. 操作要点

1）热继电器的驱动元件应串联在主电路中，其常闭触点应串联在控制电路中。
2）热继电器的整定电流应按电动机额定电流的0.95～1.05倍调整。
3）自锁触点应并联在起动按钮的两端。
4）一般选红色按钮作为停止按钮，绿色按钮作为起动按钮。
5）电动机的外壳必须可靠接地。
6）通电调试前必须检查是否存在安全隐患，确认安全后，在教师监护下按照通电调试要求和步骤进行操作。

六、质量评价

项目质量考核要求及评分标准见表2-10。

表2-10　项目质量考核要求及评分标准表

考核项目	考核要求	配分	评分标准	扣分	得分	备注
元件安装	1.按照接线图布置元件 2.正确固定元件	10	1.不按接线图固定元件，扣10分 2.元件安装不牢固，每处扣3分 3.元件安装不整齐、不均匀、不合理，每处扣3分 4.损坏元件，每处扣5分			

(续)

考核项目	考核要求	配分	评分标准	扣分	得分	备注
电路安装	1. 按图施工 2. 合理布线，做到美观 3. 规范走线，做到横平竖直，无交叉 4. 规范接线，无线头松动、反圈、压皮、露铜过长及损伤绝缘层 5. 正确编号	40	1. 不按接线图接线，扣 40 分 2. 布线不合理、不美观，每根扣 3 分 3. 走线不横平竖直，每根扣 3 分 4. 线头松动、反圈、压皮、露铜过长，每处扣 3 分 5. 损伤导线绝缘或线芯，每根扣 5 分 6. 错编、漏编号，每处扣 3 分			
通电试车	按照要求和步骤正确调试电路	50	1. 主控电路配错熔管，每处扣 10 分 2. 一次试车不成功，扣 10 分 3. 二次试车不成功，扣 30 分 4. 三次试车不成功，扣 50 分			
安全生产	自觉遵守安全文明生产规程		1. 漏接接地线，每处扣 10 分 2. 发生安全事故，扣 20 分			
时间	4h		提前正确完成，每 5min 加 5 分；超过定额时间，每 5min 扣 2 分			
开始时间		结束时间		实际时间		

七、拓展提高——连续与点动混合正转控制电路

机床设备在正常工作时，一般需要电动机处在连续运转状态。但在试车或调整刀具与工件的相对位置时，又需要电动机能点动控制运行，实现这种工艺要求的电路是连续与点动混合正转控制电路，如图 2-10 和图 2-11 所示。

图 2-10 电路是在具有过载保护的接触器自锁正转控制电路的基础上，把手动开关 SA 串联在自锁电路中。显然，当把 SA 闭合或打开时，就可以实现电动机的连续与点动混合正转控制。

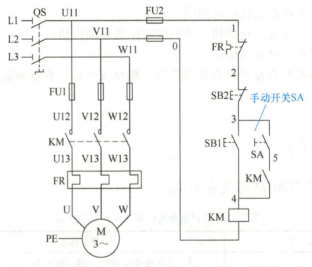

图 2-10 串联手动开关 SA 的连续与点动混合正转控制电路

图 2-11 为并联复合按钮的连续与点动混合正转控制电路。SB1 为连续运转起动按钮，SB2 为点动运转起动按钮。当 SB2 动作时，其常闭按钮断开，自锁电路被切断，自锁功能失效，此时电路只有点动控制功能。当 SB1 动作时，自锁电路发生作用，电路具有连续控制功能。

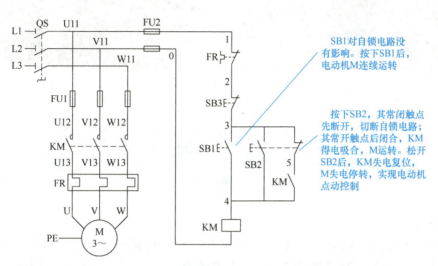

图 2-11 并联复合按钮的连续与点动混合正转控制电路

八、素养加油站

爱岗敬业

干一行，爱一行。爱岗，就是热爱自己的本职工作，能够为做好本职工作尽心尽力，在工作岗位上升华自我，实现价值。

欲乐业，先敬业。敬业，就是要用恭敬严肃的态度来对待自己从事的职业，对自己的工作倾注专注力和责任心。

因此，爱岗敬业，是立足本职岗位，乐业、勤业、敬业，恪尽职守，以最高的标准完成本职工作，尽职尽责。这也是工匠精神在新时代的重要体现。

2021 年 1 月，受强冷空气影响，云南省昭通市大关县遭遇了连续多日的低温雨雪冰冻天气，漫天的飞雪和呼啸的北风，肆虐地蹂躏着这个毫无防备的县城。罕见的低温和冰冻气候，导致高海拔区域输电线覆冰严重，部分输电线路甚至发生了断裂现象，直接造成 15 条 10kV 线路故障停运，夜间，千家万户顿时陷入了一片黑暗之中。

危难之际，大关县电力公司的工人们挺身而出，义无反顾地踏上了抢修电路的征程。恶劣的天气加大了他们的工作难度。入眼是白茫茫的一片，数厘米厚的冰雪覆盖着输电线、电线杆。为了尽快恢复广大群众的用电，大关电力工人们不分昼夜，咬牙坚持，全力抢修。顶着风雪，系上安全绳，踩着脚扣，爬上电杆，挂好三相短路接地线，将断裂的输电导线重新接上。维修线路的工人在前奋战，其他工人则拿着绝缘操作杆除冰除雪，或在冰天雪地里巡视、故障隔离。他们把敬业的精神发扬到实践中，各司其职，完美配合，克服了种种困难，完成了艰巨的任务。这种爱岗敬业的精神，刺破了寒冷的冬夜，让冬天里的温暖永不断线！

图 2-12 为大关电力工人在冰雪中作业的情景。

图 2-12 大关电力工人在冰雪中作业

习　　题

一、填空题

1. 接触器自锁正转控制电路中，松开起动按钮 SB1 的瞬间，KM 辅助常开触点还处于_____状态，所以 KM 线圈仍然通电，接触器保持_____的状态，这种辅助常开触点起到的作用称为_____。这种起自锁作用的辅助常开触点称为_____触点。

2. 热继电器主要由_____、_____、动作机构、_____、复位机构和温度补偿元件等组成。当流过驱动元件的电流超过其_____时，通过杠杆推动触点系统动作，使常闭触点_____、常开触点_____。

3. 与点动正转控制电路相比较，接触器自锁正转控制电路在起动按钮的两端_____了接触器的辅助常开触点，这种辅助常开触点起到的作用称为_____。

4. 热继电器的驱动元件应串联在主电路中，其常闭触点应_____接在控制电路中。

5. 热继电器的整定电流应按电动机额定电流的_____倍调整。

二、判断题

1. 接触器自锁控制电路具有失电压和欠电压保护功能。　　　　　　　　　　（　　）

2. 由于热继电器在电动机控制电路中兼有短路和过载保护功能，故不需要再接入熔断器作为短路保护。　　　　　　　　　　　　　　　　　　　　　　　　　　　　　　（　　）

3. 在三相笼型异步电动机控制电路中，熔断器只能用于短路保护。　　　　　（　　）

4. 根据电路图、布置图、接线图安装完毕的控制电路，不用自检校验，可以直接通电试车。　　　　　　　　　　　　　　　　　　　　　　　　　　　　　　　　　　（　　）

5. 由于热继电器和熔断器在三相笼型异步电动机控制电路中所起的作用不同，所以不能相互代替使用。　　　　　　　　　　　　　　　　　　　　　　　　　　　　　（　　）

三、选择题

1. 具有过载保护的接触器自锁控制电路中，实现短路保护的电器是（　　　）。
A. 熔断器　　　　B. 热继电器　　　　C. 接触器　　　　D. 电源开关

2. 具有过载保护的接触器自锁控制电路中，实现过载保护的电器是（　　　）。
A. 熔断器　　　　B. 热继电器　　　　C. 接触器　　　　D. 电源开关

3. 具有过载保护的接触器自锁控制电路中，实现欠电压和失电压保护的电器是（　　　）。
A. 熔断器　　　　B. 热继电器　　　　C. 接触器

4. 在起动按钮的两端并联了接触器的辅助常开触点，这种辅助常开触点称为（　　　）触点。

A. 自锁　　　　B. 互锁　　　　C. 联锁

5. 对于连续运行的电动机，经常由于（　　）、断相等原因使热继电器动作，电动机失电停转，从而达到保护的目的。

A. 过载　　　　B. 短路　　　　C. 欠电压

四、问答题

1. 什么是自锁？如何实现接触器自锁？判断如图2-13所示的控制电路能否实现自锁控制，若不能，请加以改正。

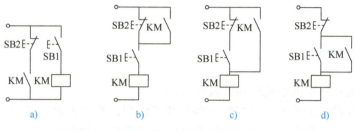

图2-13　问答题1图

2. 什么是失电压保护？什么是欠电压保护？为什么说接触器自锁控制电路具有失电压和欠电压保护作用？

3. 什么是过载保护？为什么要对电动机采取过载保护？

4. 在电动机控制电路中，短路保护和过载保护各由什么元件来实现？它们能否相互代替使用？为什么？

5. 使用热继电器进行过载保护时，应如何连接？试分析如图2-14所示电路是否具有过载保护功能。

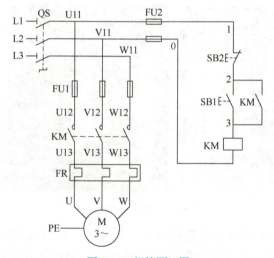

图2-14　问答题5图

6. 如何检测具有过载保护的接触器自锁正转控制电路的好坏？若自锁触点接触不良，试分析电路会出现何种故障现象？

项目 3
接触器联锁的正反转控制电路

项目3

一、学习目标

1）了解三相笼型异步电动机反转的接线方法。
2）会识读接触器联锁的正反转控制电路图和接线图，并能说出电路的动作顺序。
3）能根据电路图正确安装与调试接触器联锁的正反转控制电路。
4）知道忠于职守的精神内涵，并融入生产实践中，争做忠于职守的工匠。

二、工作任务

如图 3-1 所示，某食品加工厂的果汁饮料新品种即将投产，为提高生产效益和饮料品质，弥补人力资源的不足，项目工程部设计了一种不锈钢搅拌机，可对加工的果品果汁进行双向搅拌，从而使搅拌更省时省力。

图 3-1　不锈钢搅拌机

项目工程部二组负责电气控制电路的施工，作业任务是安装与调试接触器联锁的正反转控制电路。要求电路具有电动机双方向运转控制功能，即按下正向起动按钮，电动机正转；按下停止按钮，电动机停转；按下反向起动按钮，电动机反转。学习生产流程如图 3-2 所示。

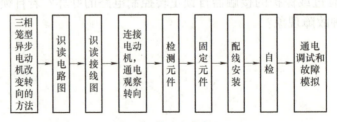

图 3-2　学习生产流程

三、生产领料

按表 3-1 到电气设备仓库领取施工所需的工具、设备及材料。

表 3-1 工具、设备及材料清单

序号	分类	名称	型号规格	数量	单位	备注
1	工具	常用电工工具		1	套	
2		万用表	MF47	1	只	
3		熔断器	RL1–15	5	只	
4		熔管	5A	3	只	
			2A	2	只	
5		交流接触器	CJT1–10, 380V	2	只	
6	设备	热继电器	JR36–20	1	只	
7		按钮	LA4–3H	1	只	
8		三相笼型异步电动机	0.75kW, 380V, Y联结	1	台	
9		端子	TD–1520	1	条	
10		安装网孔板	600mm×700mm	1	块	
11		三相电源插头	16A	1	只	
12			BV–1.5mm^2	5	m	
13		铜导线	BV–1.5mm^2	2	m	双色
14			BV–1.0mm^2	3	m	
15			BVR–0.75mm^2	2	m	
16	材料		M4×20 螺钉	若干	只	
17		紧固件	M 4 螺母	若干	只	
18			ϕ4mm 垫圈	若干	只	
19		编码管	ϕ1.5mm	若干	m	
20		编码笔	小号	1	支	

四、资讯收集

实现果品果汁双向搅拌，需要电动机能正反两个方向运行，既有正转控制，又有反转控制。

1. 三相笼型异步电动机改变转向的方法

由三相笼型异步电动机的工作原理可知，电动机的转向由旋转磁场的旋转方向决定。接入电动机三相定子绕组的电压相序改变，则产生的旋转磁场的旋转方向就会改变，电动机的转向也随之改变。只要调换三相笼型异步电动机任意两相定子绕组所接的电源线（相序），旋转磁场即改变转向，电动机也随之改变转向。即改变电动机旋转方向的方法是改变电动机的电源相序，即对调接入电动机三相电源线中的任意两根。

2. 识读电路图

图 3-3 为接触器联锁的正反转控制电路。当 KM1 主触点闭合时，电动机定子绕组 U-V-W 的电源相序为 L1–L2–L3；当 KM2 主触点闭合时，电动机定子绕组 U-V-W 的电源相序为 L3–L2–L1。很显然，通过控制 KM1 与 KM2 的动作切换，可改变电动机定子绕组的电源相序，实现电动机转向的改变，即 KM1 得电动作时，电动机正转；KM2 得电动作时，电动机反转。

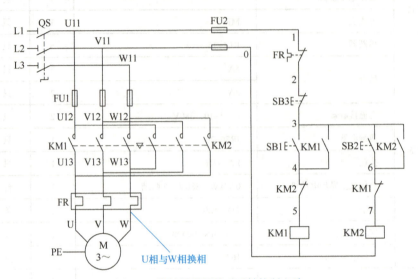

图 3-3 接触器联锁的正反转控制电路

（1）电路组成　接触器联锁的正反转控制电路的组成及各元件的功能见表 3-2。

表 3-2 接触器联锁的正反转控制电路的组成及各元件的功能

序号	电路名称	电路组成	元件功能	备注
1	电源电路	QS	电源开关	
2		FU2	熔断器，用于控制电路短路保护	
3	主电路	FU1	熔断器，用于主电路短路保护	KM1 和 KM2 必须联锁，避免同时闭合，否则会造成 L1 和 L3 两相电源短路事故
4		KM1 主触点	控制电动机正转	
5		KM2 主触点	控制电动机反转	
6		FR 驱动元件	与常闭触点配合，用于过载保护	
7		M	电动机	
8	控制电路	FR 常闭触点	过载保护	正反转控制电路的公共电路
9		SB3	停止按钮	
10		SB1	正转起动按钮	正转控制电路，KM2 的常闭触点串联在 KM1 线圈电路中
11		KM1 辅助常开触点	KM1 自锁触点	
12		KM2 辅助常闭触点	联锁保护	
13		KM1 线圈	控制 KM1 的吸合与释放	
14		SB2	反转起动按钮	反转控制电路，KM1 的常闭触点串联在 KM2 线圈电路中
15		KM2 辅助常开触点	KM2 自锁触点	
16		KM1 辅助常闭触点	联锁保护	
17		KM2 线圈	控制 KM2 的吸合与释放	

项目3 接触器联锁的正反转控制电路

（2）动作顺序　接触器联锁的正反转控制电路的动作顺序如下：
1）先合上电源开关 QS。
2）正转控制：

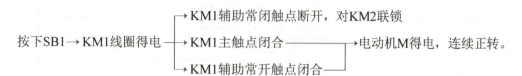

3）停止：按下 SB3 → KM1 线圈失电 → KM1 主触点断开 → 电动机失电停转。
4）反转控制：

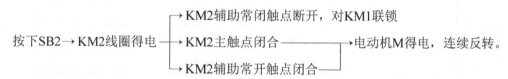

由电路的动作顺序可知，由于接触器线圈电路中分别串联了对方的常闭触点，这样两只接触器中就只能有一只接触器吸合动作。这种接触器相互制约的作用称为接触器联锁（或互锁）。起联锁作用的辅助常闭触点称为联锁触点（或互锁触点），主触点联锁用图形符号"▽"表示。

3. 识读接线图

图3-4为接触器联锁的正反转控制电路接线图，元件布置及布线情况见表3-3。

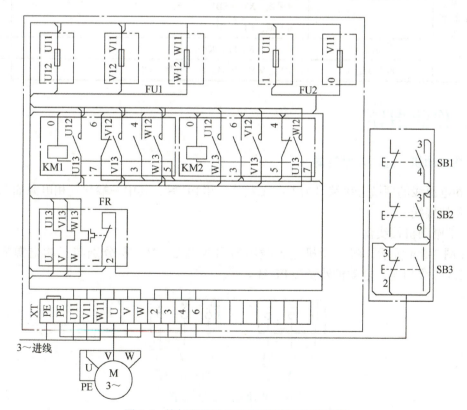

图 3-4　接触器联锁的正反转控制电路接线图

表 3-3 接触器联锁的正反转控制电路元件布置及布线一览表

序号	项目		具体内容	备注
1	元件位置		FU1、FU2、KM1、KM2、FR、XT	
2			电动机 M、SB1、SB2、SB3	
3	控制板上元件的布线	控制电路走线	0 号线：FU2→KM2→KM1	
4			1 号线：FU2→FR	
5			2 号线：FR→XT	
6			3 号线：KM1→KM2→XT	
7			4 号线：KM1→KM2→XT	
8			5 号线：KM2→KM1	
9			6 号线：KM1→KM2→XT	
10			7 号线：KM1→KM2	
11		主电路走线	U11、V11：XT→FU1→FU2	
12			W11：XT→FU1	
13			U12、V12、W12：FU1→KM1→KM2	
14			U13、V13、W13：KM2→KM1→FR	
15			U、V、W：FR→XT	
16			PE：XT→XT	
17	外围元件的布线	按钮走线	2 号线：XT→SB3	
18			3 号线：XT→SB3→SB2→SB1	
19			4 号线：XT→SB1	
20			6 号线：XT→SB2	
21		电动机走线	U、V、W、PE：XT→M	
22		电源线走线	U11、V11、W11、PE：电源→XT	

五、作业指导

1. 连接电动机，通电观察转向

将三相电源线的两端分别编号为 L1、L2、L3 和 PE 后，其中一端与三相电源插头相连。

（1）正转接线

1）拆下电动机接线盒。

2）如图 3-5 a 所示，将电动机定子绕组的出线端 U、V、W 分别与三相电源插头线的 L1、L2、L3 号线相连，电动机外壳接 PE 线。

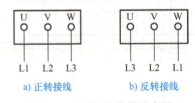

a) 正转接线　　b) 反转接线

图 3-5　电动机的接线示意图

3）电动机安放平稳后，将三相电源插头插入电源插座，合上断路器，观察电动机的旋转方向。

4）拉下断路器，拔出电源插头。

（2）反转接线

1）如图 3-5 b 所示，对调电动机三相电源线中的 L1 和 L3 号线。

2）将三相电源插头插入电源插座，合上断路器，观察电动机的旋转方向。

3）拉下断路器，拔出电源插头。

4）安装固定电动机的接线盒。

2. 检测元件

按表 3-1 配齐所用元件，检查元件的规格是否符合要求，并检测元件的质量是否完好。

3. 固定元件

根据元件固定方法，按图 3-4 接线图固定元件。

4. 配线安装

（1）板前配线安装　参照图 3-6，遵循板前配线原则及工艺要求，按图 3-4 和表 3-3 进行板前配线。

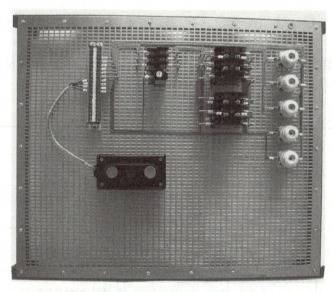

图 3-6　接触器联锁的正反转控制电路安装板

1）安装控制电路。依次安装 4 号线、6 号线、0 号线、1 号线、7 号线、5 号线、3 号线和 2 号线。容易出错的地方有：

① 接触器的辅助常开触点和常闭触点混淆接线。必须先找对元件，再结合"面对面"原则进行接线。

② 辅助触点接线错位。每只接触器有两对辅助常开触点和两对辅助常闭触点，接线时可以选择其中一对，但不能错位连接，只能接在选择的触点上、下接线端子上。

③ 错编及漏编号。因电路较复杂，应及时、正确地编写号码，否则容易错编而导致接线错误。

2）安装主电路。依次安装 U11、V11、W11、U12、V12、W12、U13、V13、W13、U、V、W 与 PE 号线。KM1 和 KM2 主触点的配线应注意以下两点：

① U12、V12 和 W12 号线的配线。如图 3-7 所示，应将 KM1 的第一对与 KM2 的第一对相连、KM1 的第二对与 KM2 的第二对相连、KM1 的第三对与 KM2 的第三对相连。

图 3-7 正反转接触器换相

② U13、V13 和 W13 号线的配线。如图 3-7 所示，应将 KM1 的第一对与 KM2 的第三对相连、KM1 的第二对与 KM2 的第二对相连、KM1 的第三对与 KM2 的第一对相连。

（2）外围设备配线安装

1）安装连接按钮。

2）安装连接电动机。正反转切换时，电动机承受的冲击力和振动较大，电动机应固定可靠、安放平稳，防止电动机产生滚动而发生事故。

3）连接三相电源插头线。

5. 自检

1）检查布线。对照接线图检查是否掉线、错线，是否漏编或错编号以及接线是否牢固等。

2）使用万用表检测。按表 3-4 使用万用表检测安装的电路，如测量阻值与正确阻值不符，应根据电路图检查是否有错线、掉线、错位或短路等情况。

表 3-4 使用万用表检测电路

序号	检测任务	操作方法		正确阻值	测量阻值	备注
1	检测主电路	测量 XT 的 U11 与 V11、U11 与 W11、V11 与 W11 之间的阻值	常态时，不动作任何元件	均为 ∞		
2			压下 KM1	均为 M 两相定子绕组的阻值之和		
3			压下 KM2			
4	检测控制电路	测量 XT 的 U11 与 V11 之间的阻值	按下 SB1	均为 KM1 线圈的阻值		
5			压下 KM1			
6			按下 SB2	均为 KM2 线圈的阻值		
7			压下 KM2			

6. 通电调试和故障模拟

（1）调试电路　经自检，确认安装的电路正确和无安全隐患后，在教师的监护下，按表 3-5 通电试车。切记严格遵守安全操作规程，确保人身安全。

表 3-5 电路运行情况记录表

步骤	操作内容	观察内容	正确结果	观察结果	备注
1	旋转 FR 整定电流调节旋钮，将整定电流值设定为 12A	整定电流值	12A		
2	先插上电源插头，再合上断路器	电源插头 断路器	已合闸		已供电，注意安全

项目3 接触器联锁的正反转控制电路

（续）

步骤	操作内容	观察内容	正确结果	观察结果	备注
3	按下正向起动按钮SB1且松开	KM1	吸合		
		电动机	正转		
4	按下停止按钮SB3	KM1	释放		单手操作，注意安全
		电动机	停转		
5	按下反向起动按钮SB2且松开	KM2	吸合		
		电动机	反转		
6	按下停止按钮SB3	KM2	释放		
		电动机	停转		
7	按下正向起动按钮SB1且松开	KM1	吸合		
		电动机	正转		KM1吸合动作时，KM2不能起动吸合
8	按下反向起动按钮SB2	KM1	继续吸合		
		电动机	继续正转		
		KM2	不动作		
9	⚠ 拉下断路器后，拔下电源插头	断路器 电源插头	已分断		做了吗

（2）故障模拟

1）转向不变故障模拟。由于安装人员的疏忽，反转接触器主触点的出线未进行相序改变，造成电动机在正反转切换时转向相同。下面按表3-6模拟操作，观察故障现象。

表3-6 故障现象观察记录表（一）

步骤	操作内容	造成的故障现象	观察的故障现象	备注
1	对调KM2主触点出线中的任意两根			
2	先插上电源插头，再合上断路器			已送电，注意安全
3	按下起动按钮SB1	KM2吸合后，电动机仍正转		起动正转
4	按下停止按钮SB3			
5	按下反向起动按钮SB2			起动反转
6	按下停止按钮SB3			
7	⚠ 拉下断路器后，拔下电源插头			做了吗

2）反向切换停车故障模拟。在实际工作中，由于油污、灰尘及长期磨损等原因，导致接触器主触点接触不良或损坏，造成电动机不转或断相运行。下面按表3-7模拟操作，观察故障现象。

表 3-7 故障现象观察记录表（二）

步骤	操作内容	造成的故障现象	观察的故障现象	备注
1	拆除 KM2 主触点出线中的任意两根	电动机正转正常，方向切换时 KM2 吸合，但自动停车		
2	先插上电源插头，再合上断路器			已送电，注意安全
3	按下起动按钮 SB1			起动正转
4	按下停止按钮 SB3			
5	按下反向起动按钮 SB2			起动反转
6	按下停止按钮 SB3			
7	 拉下断路器后，拔下电源插头			做了吗

（3）分析调试及故障模拟结果

1）KM1 吸合时，电动机正转；KM2 吸合时，电动机反转，实现了电动机两个方向的运转控制。两只接触器起到换向开关的作用，但电动机接线时必须将三相电源中的任意两相对调，否则电动机只能单方向运转。

2）KM1 吸合动作时，KM2 不能起动吸合，实现了接触器联锁控制。将辅助常闭触点互相串联在对方的线圈电路中，这样两只接触器中就只能有一只吸合动作，当其中一只接触器得电动作时，另一只接触器的线圈电路就被对方辅助常闭触点断开，不能得电动作，避免了 KM1 和 KM2 同时得电动作而造成两相电源短路事故。

3）主电路出现两相断路故障后，电动机不能起动。

4）缺点是操作不便，从正转切换至反转时，必须先进行停止操作。

7. 操作要点

1）实现电动机正反转的方法是对调三相电源线中的任意两根。

2）在电动机没有起动的情况下，正向起动按钮 SB1 和反向起动按钮 SB2 不能同时按下。否则，KM1 和 KM2 会同时得电吸合，从而造成 L1 和 L3 两相电源短路事故。

3）两只接触器的联锁触点不能接错，不能将电路图中的 KM1 的辅助常闭触点接到 KM2 的辅助常闭触点上。

4）主电路反转接线时必须换相，否则电动机只能单方向运转。

5）应及时、正确编号，防止错编、漏编，以至错误接线。

6）必须根据原理图和接线图，运用"面对面"原则，边接线边检查。

7）电动机的外壳必须可靠接地。

8）通电调试前必须检查是否存在安全隐患，确定安全后，必须在教师监护下，按照通电调试要求和步骤进行。

9）项目任务完成后，安装的电路板不用拆除，留待其他项目改造安装用。

六、质量评价

项目质量考核要求及评分标准见表 3-8。

项目3 接触器联锁的正反转控制电路

表 3-8 项目质量考核要求及评分标准表

考核项目	考核要求	配分	评分标准	扣分	得分	备注
元件安装	1. 按照接线图布置元件 2. 正确固定元件	10	1. 不按接线图固定元件，扣 10 分 2. 元件安装不牢固，每处扣 3 分 3. 元件安装不整齐、不均匀、不合理，每处扣 3 分 4. 损坏元件，每处扣 5 分			
电路安装	1. 按图施工 2. 合理布线，做到美观 3. 规范走线，做到横平竖直，无交叉 4. 规范接线，无线头松动、反圈、压皮、露铜过长及损伤绝缘层 5. 正确编号	40	1. 不按接线图接线，扣 40 分 2. 布线不合理、不美观，每根扣 3 分 3. 走线不横平竖直，每根扣 3 分 4. 线头松动、反圈、压皮、露铜过长，每处扣 3 分 5. 损伤导线绝缘或线芯，每根扣 5 分 6. 错编、漏编号，每处扣 3 分			
通电试车	按照要求和步骤正确调试电路	50	1. 主控电路配错熔管，每处扣 10 分 2. 整定电流调整错误，扣 5 分 3. 一次试车不成功，扣 10 分 4. 二次试车不成功，扣 30 分 5. 三次试车不成功，扣 50 分			
安全生产	自觉遵守安全文明生产规程		1. 漏接接地线每处，扣 10 分 2. 发生安全事故，扣 20 分			
时间	4h		提前正确完成，每 5min 加 5 分；超过定额时间，每 5min 扣 2 分			
开始时间			结束时间		实际时间	

七、拓展提高——按钮、接触器双重联锁的正反转控制电路

按钮、接触器双重联锁的正反转控制电路如图 3-8 所示，按下正向起动按钮 SB1，先断开 KM2 线圈电路，电动机停止反转；再接通 KM1 线圈电路，起动电动机正转。同样，按下反向起动按钮 SB2，先断开 KM1 线圈电路，电动机停止正转；再接通 KM2 线圈电路，起动电动机反转。按下停止按钮 SB3，整个控制电路失电，电动机停转。此电路弥补了接触器联锁的正反转控制电路的不足，操作方便，安全可靠，已应用于许多电动机正反转控制场合。

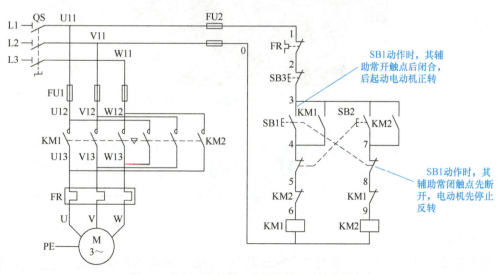

图 3-8 按钮、接触器双重联锁的正反转控制电路

八、素养加油站

忠于职守

"忠"即尽心竭力。忠于职守，不忘初心，在各行各业的舞台上，活跃着无数身影，他们忠诚地对待本职工作，一丝不苟；他们脚踏实地地在职业岗位上奉献着自我，尽力地遵守自己的职业本分。

20世纪50～60年代，刚刚诞生的新中国做出了研制"两弹一星"的战略决策，并在金银滩草原建设了我国第一个核武器研制基地。邓稼先、郭永怀等科学家用智慧、青春和热血书写了"两弹一星"功勋伟业的壮丽诗篇。

主持研制第一颗原子弹的邓稼先在美国获得博士学位仅9天后，便毅然决定回国，接受原子弹研制任务。临行前，妻子许鹿希问邓稼先"去哪？""做什么？""去多久？"，因保密要求，他只能连续回答了三个"不能说"。此后，邓稼先隐姓埋名，在试验场度过了默默无闻的数载春秋。1964年10月，中国第一颗原子弹爆炸成功，邓稼先率领研究人员迅速进入爆炸现场认真勘探，仔细采样。忠于职守的他，最后因核放射性的影响而身患癌症，临终时却留下了一句掷地有声的"死而无憾"！

1965年9月，我国第一颗人造卫星研制工作再次启动，著名力学家郭永怀受命参与卫星相关研究的组织领导工作。1968年12月初，他在青海基地发现重要数据，为了不耽误研究进程，他连夜搭乘飞机返回北京，不料12月5日凌晨，他所乘坐的航班不幸失事。人们从机身残骸中寻找到郭永怀时，发现他的遗体同警卫员的遗体紧紧抱在一起。两人的遗体被分开后，中间掉出一个装着绝密资料的公文包，公文包内的重要数据竟完好无损。这种恪尽职守的精神，感天动地，令人动容。

图3-9为"两弹一星"功勋奖章获得者郭永怀工作时的情景。

图3-9 "两弹一星"功勋奖章获得者郭永怀（右一）

习 题

一、填空题

1. 生产机械运动部件在正、反两个方向运动时，一般要求电动机能实现_____控制。
2. 要使三相笼型异步电动机反转，就必须改变通入电动机定子绕组的_____，即把接入电动机三相电源进线中的任意_____相对调接线即可。

3. 万能铣床主轴电动机的正反转控制是采用_____来实现的。

4. 接入电动机三相定子绕组的_____改变，产生的旋转磁场的旋转方向就会改变，电动机的转向也随之改变。

5. 由于接触器线圈回路中分别串联了对方的常闭触点，这样两只接触器中就只能有一只吸合动作。这种接触器相互制约的作用称为_____。将起_____作用的辅助常闭触点称为联锁触点（或互锁触点）。

二、判断题

1. 在接触器联锁正反转控制电路中，正、反转接触器的主触点有时可以同时闭合。（　　）

2. 为了保证三相笼型异步电动机实现反转，正、反转接触器的主触点必须按相同的相序并联后串联在主电路中。（　　）

3. 接触器联锁正反转控制电路的优点是工作安全可靠，操作方便。（　　）

4. 在接触器正反转控制电路中，若正转接触器和反转接触器同时通电会发生两相电源短路事故。（　　）

5. 按钮、接触器双重联锁正反转控制电路中，双重联锁是由复合按钮的常开触点和接触器的辅助常开触点实现的。（　　）

三、选择题

1. 在接触器联锁正反转控制电路中，为避免两相电源短路事故，必须在正、反转控制电路中分别串联（　　）。

A. 联锁触点　　　B. 自锁触点　　　C. 主触点

2. 在接触器联锁正反转控制电路中，其联锁触点应是对方接触器的（　　）。

A. 主触点　　　B. 辅助常开触点　　　C. 辅助常闭触点

3. 在操作接触器联锁正反转控制电路时，要使电动机从正转变为反转，正确的操作方法是（　　）。

A. 可直接按下反转起动按钮

B. 可直接按下正转起动按钮

C. 必须先按下停止按钮，再按下反转起动按钮

4. 在操作按钮、接触器双重联锁正反转控制电路时，要使电动机从正转变为反转，正确的操作方法是（　　）。

A. 可直接按下反转起动按钮

B. 可直接按下正转起动按钮

C. 必须先按下停止按钮，再按下反转起动按钮

5. 当KM1主触点闭合时，电动机定子绕组的电源相序为L1-L2-L3；当KM2主触点闭合时，电动机定子绕组的电源相序为（　　）。

A. L3-L2-L1　　　B. L1-L2-L3　　　C. L2-L3-L1

四、问答题

1. 什么是联锁？如何实现接触器联锁？

2. 实现电动机正反转的方法是什么？试判断如图3-10所示的主电路能否实现正反转控制，若不能，请说明原因。

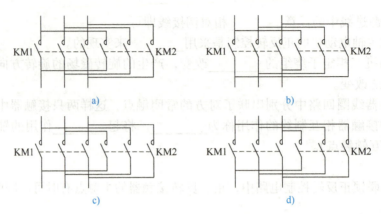

图 3-10 问答题 2 图

3. 图 3-11 为电动机正反转控制电路，检查图中画错的地方并加以改正，说明改正的原因。

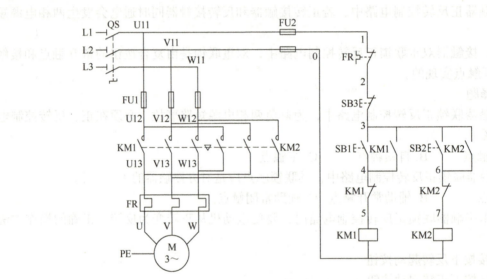

图 3-11 问答题 3 图

项目 ④

工作台自动往返控制电路

项目 4

一、学习目标

1) 会识别、使用 LX19-111 型行程开关。
2) 会识读工作台自动往返控制电路图和接线图，并能说出电路的动作顺序。
3) 能根据电路图正确改造、安装与调试工作台自动往返控制电路。
4) 知道锲而不舍的精神内涵，并融入生产实践中，争做锲而不舍的工匠。

二、工作任务

某机床厂专注平面磨床的生产，M7140 型磨床是其中一种产品，如图 4-1 所示。M7140 型磨床床身上面有水平导轨，是工作台的移动导向。工作台在电气传动系统的驱动下，可以沿水平导轨做纵向往复进给运动。工作台上装有电磁吸盘，用于装夹具有导磁性的工件。工作台前侧有换向挡铁，能自动控制工作台的往复行程。

图 4-1　M7140 型磨床及其生产车间

根据生产计划，本周二车间的生产任务是安装、改造与调试工作台自动往返控制电路（为了建立施工人员技术改造的意识，本项目是对项目 3 电气施工的延伸改造）。如图 4-2 所示，要求电路具有工作台自动往返控制功能，即电路起动后，工作台在位置 A 和位置 B 两点之间做自动往返运动。

学习生产流程如图 4-3 所示。

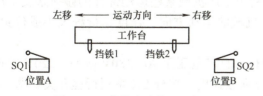 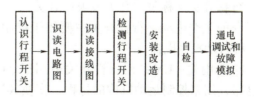

图 4-2　工作台自动往返示意图　　　　图 4-3　学习生产流程

三、生产领料

按表 4-1 到电气设备仓库领取施工所需的工具、设备及材料。

表 4-1 工具、设备及材料清单

序号	分类	名称	型号规格	数量	单位	备注
1	工具	常用电工工具		1	套	
2		万用表	MF47	1	只	
3	设备	熔断器	RL1-15	5	只	
4		熔管	5A	3	只	
			2A	2	只	
5		交流接触器	CJT1-10,380V	2	只	
6		热继电器	JR36-20	1	只	
7		按钮	LA4-3H	1	只	
8		行程开关	LX19-111	2	只	
9		三相笼型异步电动机	0.75kW,380V,丫联结	1	台	
10		端子	TD-1520	1	条	
11		安装网孔板	600mm×700mm	1	块	
12		三相电源插头	16A	1	只	
13	材料	铜导线	BV-1.5mm²	5	m	
14			BV-1.5mm²	2	m	双色
15			BV-1.0mm²	5	m	
16			BVR-0.75mm²	3	m	
17		紧固件	M4×20 螺钉	若干	只	
18			M4 螺母	若干	只	
19			φ4mm 垫圈	若干	只	
20		编码管	φ1.5mm	若干	m	
21		编码笔	小号	1	支	

四、资讯收集

通过查阅手册,可知行程开关具有位置检测功能。工作台往返期间,正反转的切换全靠挡铁碰撞开关 SQ 后动作完成。

1. 认识行程开关

行程开关又称位置开关或限位开关,是一种利用生产机械某些运动部件的碰撞来发出控制指令的主令电器。行程开关主要用于控制生产机械的运动方向、速度、行程大小或位置,是一种自动控制电器。

(1)用途 LX 系列行程开关适用于 AC 50Hz、额定电压至 AC 380V 或 DC 220V 的控制电路,用来控制运动机构的行程,变换其运动方向或速度。部分 LX 系列行程开关如图 4-4 所示。

项目4 工作台自动往返控制电路

图 4-4 部分 LX 系列行程开关

（2）型号及含义　LX 系列行程开关的型号及含义如下：

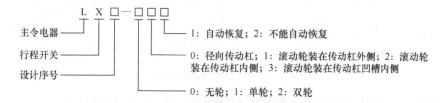

（3）主要技术参数　LX19-111 型行程开关的主要技术参数见表 4-2。

表 4-2　LX19-111 型行程开关的主要技术参数

额定电压	AC 380V、DC 220V
额定电流 /A	5

（4）结构与符号　如图 4-5a 所示，行程开关一般由触点系统、操作机构和外壳等组成。当生产机械运动部件碰压行程开关滚轮时，其常闭触点断开，常开触点闭合。行程开关在电路图中的符号如图 4-5b 所示。

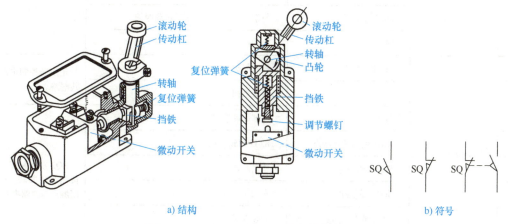

a) 结构　　　　　　　　　　　　　　　　b) 符号

图 4-5　LX19-111 型行程开关的结构与符号

— 49 —

2. 识读电路图

图 4-6 为工作台自动往返控制电路。与项目 3 电路相比，其主电路相同，控制电路多了两个行程开关。图中行程开关 SQ 的常开触点与起动按钮并联，而常闭触点互相串联在对方的线圈电路中，进行联锁限位。与项目 3 的动作顺序一样，KM1 得电吸合时，电动机正转，工作台左移；KM2 得电吸合时，电动机反转，工作台右移。

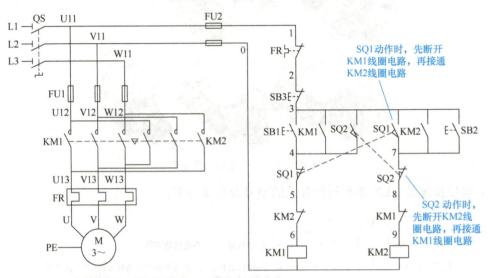

图 4-6　工作台自动往返控制电路

（1）电路组成　工作台自动往返控制电路的组成及各元件的功能见表 4-3。

表 4-3　工作台自动往返控制电路的组成及各元件的功能

序号	电路名称	电路组成	元件功能	备注
1	电源电路	QS	电源开关	
2		FU2	熔断器，用于控制电路短路保护	
3	主电路	FU1	熔断器，用于主电路短路保护	
4		KM1 主触点	控制电动机的正转	KM1 和 KM2 联锁
5		KM2 主触点	控制电动机的反转	
6		FR 驱动元件	与常闭触点配合，用于过载保护	
7		M	电动机	
8	控制电路	FR 常闭触点	过载保护	正反转控制电路的公共电路
9		SB3	停止按钮	
10		SB1	左移起动按钮	
11		KM1 辅助常开触点	KM1 自锁触点	SQ2 常开触点与起动按钮 SB1 并联，SQ1 常闭触点与线圈串联
12		SQ2 常开触点	正转起动	
13		SQ1 常闭触点	左限位	
14		KM2 辅助常闭触点	联锁保护	
15		KM1 线圈	控制 KM1 的吸合与释放	

(续)

序号	电路名称	电路组成	元件功能	备注
16	控制电路	SQ1 常开触点	反转起动	SQ1 常开触点与起动按钮 SB2 并联，SQ2 常闭触点与线圈串联
17		KM2 辅助常开触点	KM2 自锁触点	
18		SB2	右移起动按钮	
19		SQ2 常闭触点	右限位	
20		KM1 辅助常闭触点	联锁保护	
21		KM2 线圈	控制 KM2 的吸合与释放	

（2）动作顺序　工作台自动往返控制电路的动作顺序如下：
1）合上电源开关 QS，假设先起动工作台左移。
2）起动：
左移起动

右移起动

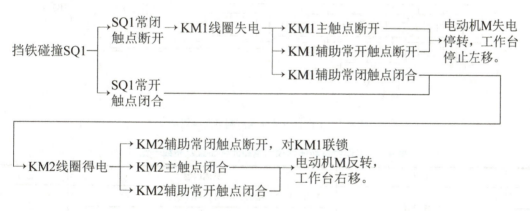

循环起动

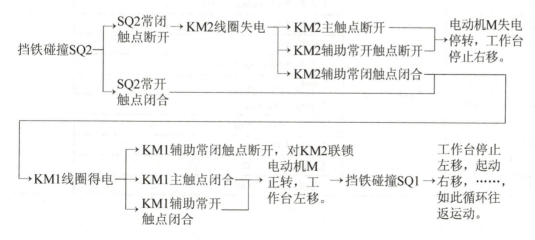

3）停止：按下 SB3→控制电路失电→KM1（或 KM2）线圈失电，KM1（或 KM2）主触点断开→电动机 M 失电停转，工作台停止移动。

电路图中的 SB1 和 SB2 分别为左移起动和右移起动按钮。若起动时工作台停在左端，则应先起动工作台右移。

3. 识读接线图

图 4-7 为工作台自动往返控制电路接线图，元件布置及布线见表 4-4。

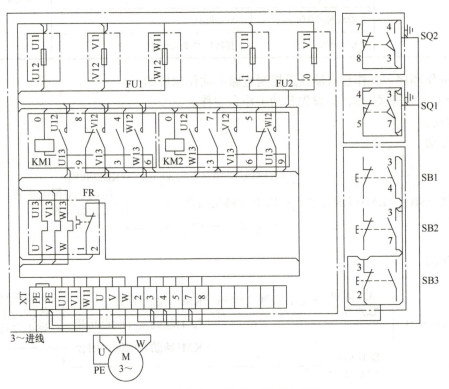

图 4-7 工作台自动往返控制电路接线图

表 4-4 工作台自动往返控制电路元件布置及布线一览表

序号	项目		具体内容	备注
1	元件位置		FU1、FU2、KM1、KM2、FR、XT	
2			电动机 M、SB1、SB2、SB3、SQ1、SQ2	
3	控制板上元件的布线	控制电路走线	0 号线：FU2→KM2→KM1	
4			1 号线：FU2→FR	
5			2 号线：FR→XT	
6			3 号线：KM1→KM2→XT	
7			4 号线：KM1→XT	
8			5 号线：KM2→XT	
9			6 号线：KM2→KM1	
10			7 号线：KM2→XT	
11			8 号线：KM1→XT	
12			9 号线：KM1→KM2	

项目4　工作台自动往返控制电路

（续）

序号	项目		具体内容	备注
13	控制板上元件的布线	主电路走线	U11、V11：XT→FU1→FU2	与项目3相同
14			W11：XT→FU1	
15			U12、V12、W12：FU1→KM1→KM2	
16			U13、V13、W13：KM2→KM1→FR	
17			U、V、W：FR→XT	
18			PE：XT→XT	
19	外围元件的布线	按钮走线	2号线：XT→SB3	
20			3号线：XT→SB3→SB2→SB1	
21			4号线：XT→SB1	
22			7号线：XT→SB2	
23		行程开关的走线	3号线：XT→SQ1→SQ2	
24			4号线：XT→SQ1→SQ2	
25			5号线：XT→SQ1	
26			7号线：XT→SQ1→SQ2	
27			8号线：XT→SQ2	
28			PE：XT→SQ1→SQ2	
29		电动机走线	U、V、W、PE：XT→M	
30		电源走线	U11、V11、W11、PE：电源→XT	

五、作业指导

1. 检测行程开关

读图4-8后，按照表4-5检测LX19-111型行程开关。

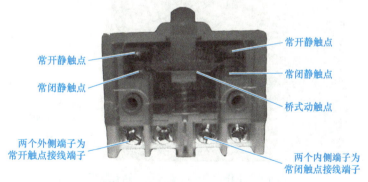

图4-8　LX19-111型行程开关触点系统

表4-5　LX19-111型行程开关的检测过程

序号	检测任务	检测方法	参考值	检测值	要点提示
1	读行程开关的型号	位于面板盖上	LX19-111		使用时，规格选择必须正确
2	读额定电压、电流		AC380V、DC 220V、5A		

— 53 —

(续)

序号	检测任务	检测方法	参考值	检测值	要点提示
3	拆下面板盖,观察常闭触点	见图4-8	桥式动触点闭合在静触点上		
4	观察常开触点		桥式静触点与动触点处于分离状态		
5	动作行程开关,观察触点的动作情况	边动作边观察	常闭触点先断开,常开触点后闭合		常闭、常开触点动作顺序有先后
6	复位行程开关,观察触点的复位情况		常开触点先复位,常闭触点后复位		常开、常闭触点复位顺序也有先后
7	检测、判别常闭触点的好坏	常态时,测量常闭触点的阻值	阻值约为0Ω		若测量阻值与参考阻值不同,则说明触点已损坏或接触不良
		动作行程开关后,再测量其阻值	阻值为∞		
8	检测、判别常开触点的好坏	常态时,测量常开触点的阻值	阻值为∞		
		动作行程开关后,再测量其阻值	阻值约为0Ω		

2. 安装改造

(1)固定行程开关 固定行程开关时,应注意滚动轮的方向不能装反,即使是模拟试验,两只行程开关之间也必须保持传动杠动作的距离,以便于操作。

(2)板前配线改造 比较项目4与项目3的接线图可知,主电路完全相同,无须改造;控制电路有三种情况,一部分电路完全相同,另一部分电路更改编号后继续使用,剩余电路需拆除后重新安装。根据所学的配线原则及工艺要求,参照图4-9,按图4-7和表4-4进行板前配线改造。

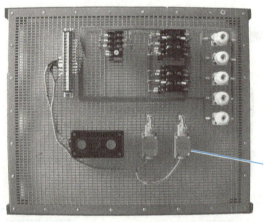

图4-9 工作台自动往返控制电路安装板

1)0号线、1号线、2号线、3号线与项目3的电路完全一样,不必更改。

2)将KM1的原4号线和6号线拆除。

3)6号线、9号线与项目3的5号线、7号线相同,只需更改编号。5号线、7号线与项目3 KM2上的4号线、6号线相同,也只需更改编号。

4)重新安装连接4号线和8号线(KM1)。

项目 4　工作台自动往返控制电路

（3）外围设备配线改造

1）按钮连接线与项目 3 相同，只需更改编号。

2）连接行程开关，按导线号与接线端子 XT 的下端对接。行程开关的外壳必须可靠接地，以确保安全。

3）电动机的接线与项目 3 完全相同，无须更改。

4）电源线与项目 3 完全相同，无须更改。

3. 自检

（1）检查布线　对照接线图检查是否掉线、错线，是否漏编或错编号以及接线是否牢固等。

（2）使用万用表检测　按表 4-6 使用万用表检测安装的电路，若测量阻值与正确阻值不符，应根据电路图检查是否有错线、掉线、错位或短路等情况。

表 4-6　使用万用表检测电路

序号	检测任务	操作方法		正确阻值	测量阻值	备注
1	检测主电路	测量 XT 的 U11 与 V11、U11 与 W11、V11 与 W11 之间的阻值	常态时，不动作任何元件	均为 ∞		
2			压下 KM1	均为 M 两相定子绕组的阻值之和		
3			压下 KM2			
4	检测控制电路	测量 XT 的 U11 与 V11 之间的阻值	按下 SB1	均为 KM1 线圈的阻值		
5			动作 SQ2			
6			压下 KM1			
7			按下 SB2	均为 KM2 线圈的阻值		
8			动作 SQ1			
9			压下 KM2			

4. 通电调试和故障模拟

（1）调试电路　经自检，确认安装的电路正确和无安全隐患后，在教师的监护下，按表 4-7 通电试车。切记严格遵守操作规程，确保人身安全。

表 4-7　电路运行情况记录表

步骤	操作内容	观察内容	正确结果	观察结果	备注
1	旋转整定电流调节旋钮，将整定电流值设定为 12A	整定电流值	12A		
2	先插上电源插头，再合上断路器	电源插头 断路器	已合闸		已供电，注意安全
3	按下正向起动按钮 SB1	KM1	吸合		单手操作，注意安全
		电动机	正转		
4	动作 SQ1 后复位	KM1	释放		
		KM2	吸合		
		电动机	反转		

— 55 —

（续）

步骤	操作内容	观察内容	正确结果	观察结果	备注
5	动作 SQ2 后复位	KM2	释放		
		KM1	吸合		
		电动机	正转		
6	动作 SQ1 后复位	KM1	释放		
		KM2	吸合		
		电动机	反转		
7	按下停止按钮 SB3	KM2	释放		
		电动机	停转		
8	按下反向起动按钮 SB2	KM2	吸合		
		电动机	反转		
9	动作 SQ2 后复位	KM2	释放		单手操作，注意安全
		KM1	吸合		
		电动机	正转		
10	动作 SQ1 后复位	KM1	释放		
		KM2	吸合		
		电动机	反转		
11	动作 SQ2 后复位	KM2	释放		
		KM1	吸合		
		电动机	正转		
12	按下停止按钮 SB3	KM1	释放		
		电动机	停转		
13	⚠️ 拉下断路器后，拔下电源插头	断路器 电源插头	已分断		做了吗

（2）故障模拟　在实际工作中，由于行程开关的安装位置不准确、触点接触不良及触点弹簧失效等原因，导致行程开关失灵、工作台越过限定位置而造成事故。下面按表 4-8 模拟操作，观察故障现象。

表 4-8　故障现象观察记录表

步骤	操作内容	造成的故障现象	观察的故障现象	备注
1	旋松固定 SQ2 触点系统的螺钉，直至传动杠碰压触点不能动作为止	工作台右移碰撞右限位开关 SQ2 后，工作台不能停止，继续右移		
2	先插上电源插头，再合上断路器			已送电，注意安全
3	按下起动按钮 SB2			起动右移
4	动作 SQ2			右限位
5	⚠️ 拉下断路器后，拔下电源插头			做了吗

（3）分析调试及故障模拟结果

1）电动机起动后，动作 SQ1，电动机反转；动作 SQ2，电动机正转，实现了由行程开关控制电动机正转或反转。工作台由电动机拖动，所以当挡铁碰撞 SQ1 时，起动工作台右移；当挡铁碰撞 SQ2 时，起动工作台左移，实现了工作台自动往返运动。这种控制原则属于位置控制原则，在机电设备中应用得非常广泛。

2）SQ1 和 SQ2 采用了开关联锁。与按钮、接触器双重联锁的正反转控制电路一样，利用行程开关动作时，其常闭触点先断开、常开触点后闭合的时间差，避免了项目 3 在正反转切换时，必须经过电动机停止操作带来的不便。

3）图 4-6 电路存在安全隐患，若行程开关失灵，则工作台会越过限定位置造成事故。为此在工作台行程的两端再各设一个行程开关进行终端保护，完善后的电路如图 4-10 所示。

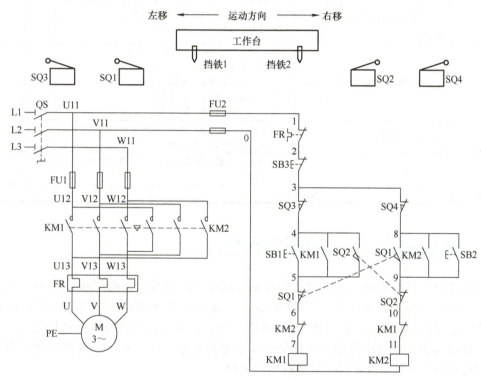

图 4-10 完善后的工作台自动往返控制电路

5. 操作要点

1）在电动机没有起动的情况下，正向起动按钮 SB1 和反向起动按钮 SB2 不能同时按下，否则，KM1 和 KM2 会同时得电吸合，发生 L1 和 L3 两相电源短路事故。

2）固定行程开关时，位置要准确，安装要牢固，其滚动轮方向不能装反。

3）改造电路时，不能盲目拆除或连接，必须理清思路，按照步骤进行，并要反复检查电路及编号，防止错线。

4）行程开关和电动机的外壳必须可靠接地。

5）通电调试前必须检查是否存在人身和设备安全隐患。确定安全后，必须在教师监护下，按照通电调试要求和步骤进行通电调试。

六、质量评价

项目质量考核要求及评分标准见表4-9。

表4-9 项目质量考核要求及评分标准表

考核项目	考核要求	配分	评分标准	扣分	得分	备注
元件安装	1. 按照接线图布置元件 2. 正确固定元件	10	1. 不按接线图固定元件，扣10分 2. 元件安装不牢固，每处扣3分 3. 元件安装不整齐、不均匀、不合理，每处扣3分 4. 损坏元件，每处扣5分			
电路安装	1. 按图施工 2. 合理布线，做到美观 3. 规范走线，做到横平竖直，无交叉 4. 规范接线，无线头松动、反圈、压皮、露铜过长及损伤绝缘层 5. 正确编号	40	1. 不按接线图接线，扣40分 2. 布线不合理、不美观，每处扣3分 3. 走线不横平竖直，每根扣3分 4. 线头松动、反圈、压皮、露铜过长，每处扣3分 5. 损伤导线绝缘或线芯，每根扣5分 6. 错编、漏编号，每处扣3分			
通电试车	按照要求和步骤正确调试电路	50	1. 主控电路配错熔管，每处扣10分 2. 整定电流调整错误，扣5分 3. 一次试车不成功，扣10分 4. 二次试车不成功，扣30分 5. 三次试车不成功，扣50分			
安全生产	自觉遵守安全文明生产规程		1. 漏接接地线，每处扣10分 2. 发生安全事故，扣20分			
时间	4h		提前正确完成，每5min加5分；超过定额时间，每5min扣2分			
开始时间			结束时间	实际时间		

七、拓展提高——多地控制电路

能在两地或多地控制同一台电动机的控制方式称为电动机的多地控制。图4-11为两地控制的具有过载保护的接触器自锁正转控制电路。甲地起动按钮SB11与乙地起动按钮SB21并联，甲地停止按钮SB12与乙地停止按钮SB22串联，这样可以方便操作者在甲地或乙地都能起停同一台电动机。此方法常用于车床等机床设备控制电路中。对于三地或多地控制，只要把各自的起动按钮并联、停止按钮串联就可以实现。

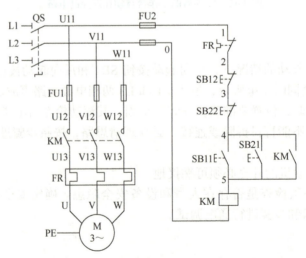

图4-11 两地控制的具有过载保护的接触器自锁正转控制电路

八、素养加油站

锲而不舍

中国古代哲学家荀子说过:"锲而舍之,朽木不折;锲而不舍,金石可镂。"意思是说,人生一定要有追求,更要有毅力、有恒心,只有坚持不懈,持之以恒,才能获得成功。一个锲而不舍的人,必将视工作为事业,为之奋斗终生;视责任为使命,为之敬业奉献;视技艺为财富,为之刻苦钻研。

高凤林是中国航天科技集团有限公司第一研究院的一名焊接工,也是一个默默无闻的幕后工作者。他所承担的焊接工作,是一项耗费体力和精力的"苦差事",更是多数人眼中的"低等职业"。可高凤林就是在这样一个普通工种上,一干就是几十年,并最终坚持到实现了自己人生价值的那一刻,同时也把自己的专业业务水平提高到了一个令人望尘莫及的高度。

俗语说得好,"三百六十行,行行出状元",坚持做一行,方可专一行。高凤林的焊接基本功起初并不出色,为了提高技术,他加班加点摸索,废寝忘食地勤学苦练。水滴石穿,铁杵成针,他的付出得到了相应的回报。他曾经在管壁只有 0.33mm 的火箭大喷管上进行焊接,材料昂贵,部件重要,一旦出错就会造成巨大的损失。这样的工作极其考验焊接工的专业能力和毅力,高凤林凭借多年磨炼积累的丰富经验,出色地完成了这项工作,成为这一领域的佼佼者。

图 4-12 为高凤林认真工作时的情景。

图 4-12　高凤林在认真工作

习 题

一、填空题

1. 在生产过程中,若要限制生产机械运动部件的行程、位置或使其运动部件在一定的范围内自动往返循环时,应在需要的位置安装_____。

2. 位置控制又称_____或_____电路,是利用生产机械运动部件上的_____与_____碰撞,使其_____动作,来_____或_____电路,以实现对生产机械运动部件的位置或行程的自动控制。

3. 工厂车间里的行车常采用_____控制线路,行车的两头终点处各安装一个_____,分别串联在正、反转控制电路中。移动行程开关的安装位置可调节行车的_____和_____。

4.要使生产机械的运动部件在一定的行程内自动往返运动,就必须依靠_____对电动机实现正反转控制。

5.从各电器元件水平中心线以上接线端子引出的导线,必须进入元件_____面的走线槽;从元件水平中心线以下接线端子引出的导线,必须进入元件_____面的走线槽。任何导线都不允许从_____方向进入走线槽内。

二、读图4-10,判断下列说法是否正确。

1.电路具有双重联锁的自动可逆运转功能。　　　　　　　　　　　　　　(　　)

2.若同时按下SB1、SB2,电路会出现短路。　　　　　　　　　　　　　　(　　)

3.接触器得电、电动机M反转工作时,若轻按一下SB1,电动机M将停转。(　　)

4.实现电动机自动逆转的电器是SQ1、SQ2。　　　　　　　　　　　　　(　　)

5.该控制电路能实现自动可逆运转,按钮SB1、SB2是多余的。　　　　　(　　)

三、问答题

1.行程开关的作用是什么?如何判别其好坏?

2.图4-13为工作台自动往返控制电路的部分电路,请补充画出其余电路。

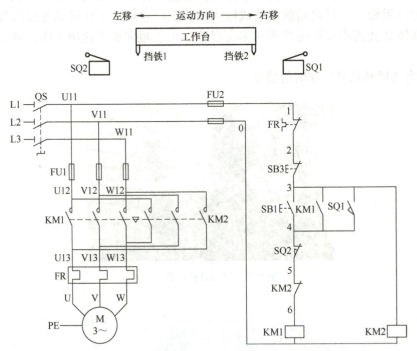

图4-13　问答题2图

3.什么是位置控制?某工厂需用一行车,要求按图4-14所示的示意图运动。画出满足要求的控制电路。

4.若使图4-14示意图中的行车起动后自动往返运动,其控制电路应该如何设计?

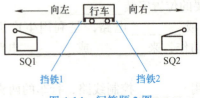

图4-14　问答题3图

项目 5

两台电动机顺序起动、逆序停止控制电路

项目5

一、学习目标

1) 会识读两台电动机顺序起动、逆序停止控制电路图和接线图,并能说出电路的动作顺序。

2) 能根据电路图正确安装与调试两台电动机顺序起动、逆序停止控制电路。

3) 知道专心致志的精神内涵,并融入生产实践中,争做专心致志的工匠。

二、工作任务

随着快递行业的迅速发展,网上购物更为便捷。某快递公司面对业务量猛增、仓库存储分拣能力出现严重匮乏的现状,决定增加两级传送带运输机,如图 5-1 所示。为了防止包裹在传送带上出现堆积现象,两级传送带必须顺序起动;为了确保停车后带上不残存包裹,两级传送带必须逆序停止。

图 5-1 传送带运输机

承接此项工程的公司安排工程师进行装调,他的工作任务是安装与调试两台电动机顺序起动、逆序停止控制电路,即电动机 M1 起动后,电动机 M2 方能起动;电动机 M2 停止后,电动机 M1 方能停止。学习生产流程如图 5-2 所示。

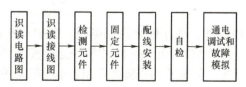

图 5-2 学习生产流程

三、生产领料

按表 5-1 到电气设备仓库领取施工所需的工具、设备及材料。

表 5-1 工具、设备及材料清单

序号	分类	名称	型号规格	数量	单位	备注
1	工具	常用电工工具		1	套	
2		万用表	MF47	1	只	
3	设备	熔断器	RL1-15	5	只	
4		熔管	5A	3	只	
			2A	2	只	
5		交流接触器	CJT1-10,380V	2	只	
6		热继电器	JR36-20	2	只	
7		按钮	LA4-3H	2	只	
8		三相笼型异步电动机	0.75kW,380V,Y联结	2	台	
9		端子	TD-1520	1	条	
10		安装网孔板	600mm × 700mm	1	块	
11		三相电源插头	16A	1	只	
12	材料	铜导线	BV-1.5mm^2	5	m	
13			BV-1.5mm^2	2	m	双色
14			BV-1.0mm^2	5	m	
15			BVR-0.75mm^2	3	m	
16		紧固件	M4×20 螺钉	若干	只	
17			M4 螺母	若干	只	
18			ϕ4 mm 垫圈	若干	只	
19		编码管	ϕ1.5 mm	若干	m	
20		编码笔	小号	1	支	

四、资讯收集

工程师通过查阅资料,了解到在装有多台电动机的生产机械上,各电动机所起的作用是不同的,有时需按一定的顺序起动或停止,才能保证操作过程合理和工作安全可靠。如 X62W 型万能铣床上,要求主轴电动机起动后,进给电动机才能起动;M7120 型平面磨床则要求当砂轮电动机起动后,冷却泵电动机才能起动。这种要求几台电动机的起动和停止必须按一定的先后顺序来进行的控制方式,称为电动机的顺序控制。

1. 识读电路图

图 5-3 为两台电动机顺序起动、逆序停止控制电路。图中,停止按钮 SB12 两端并联了接触器 KM2 的辅助常开触点,实现了 M2 停止后 M1 才能停止的控制要求;KM2 线圈电路中串联了接触器 KM1 的辅助常开触点,实现了 M1 起动后 M2 才能起动的控制要求。

项目 5　两台电动机顺序起动、逆序停止控制电路

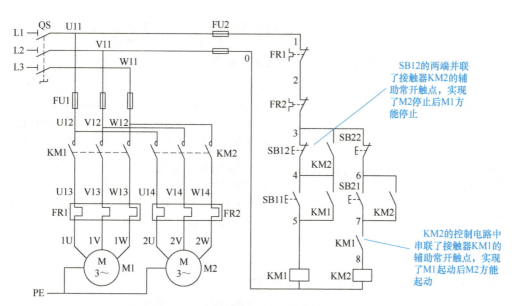

图 5-3　两台电动机顺序起动、逆序停止控制电路

（1）识读电路组成　两台电动机顺序起动、逆序停止控制电路的组成及各元件的功能见表 5-2。

表 5-2　两台电动机顺序起动、逆序停止控制电路的组成及各元件的功能

序号	电路名称	电路组成	元件功能	备注
1	电源电路	QS	电源开关	
2		FU2	熔断器，用于控制电路短路保护	
3	主电路	FU1	熔断器，用于主电路短路保护	
4		KM1 主触点	控制电动机 M1 的运转	
5		KM2 主触点	控制电动机 M2 的运转	
6		FR1、FR2 驱动元件	与常闭触点配合，用于过载保护	
7		M1、M2	电动机	
8	控制电路	FR1、FR2 常闭触点	过载保护	
9		SB12	M1 停止按钮	
10		KM2 辅助常开触点	逆序停止	KM2 辅助常开触点与 M1 停止按钮 SB12 并联
11		SB11	M1 起动按钮	
12		KM1 辅助常开触点	KM1 自锁触点	
13		KM1 线圈	控制 KM1 的吸合与释放	
14		SB22	M2 停止按钮	
15		SB21	M2 起动按钮	
16		KM2 辅助常开触点	KM2 自锁触点	KM1 辅助常开触点串联在 KM2 线圈回路中
17		KM1 辅助常开触点	顺序起动	
18		KM2 线圈	控制 KM2 的吸合与释放	

（2）动作顺序　两台电动机顺序起动、逆序停止控制电路的动作顺序如下：

1）合上电源开关 QS。

2）顺序起动：

— 63 —

按下SB11→KM1线圈得电 → KM1辅助常开触点（7-8号线之间）闭合，为M2的顺序起动做准备
→ KM1主触点闭合
→ KM1辅助常开触点（4-5号线之间）闭合自锁

→电动机M1得电连续运转 → 按下SB21→KM2线圈得电 → KM2主触点闭合 → 电动机M2得电连续运转。
→ KM2辅助常开触点（6-7号线之间）闭合自锁
→ KM2辅助常开触点（3-4号线之间）闭合，为逆序停止做准备

3）逆序停止：

按下SB22→KM2线圈失电 → KM2主触点断开
→ KM2辅助常开触点断开，解除自锁
→ KM2辅助常开触点（3-4号线之间）断开，为逆序停止做准备

→电动机M2先停转 → 按下SB12 → KM1线圈失电 → KM1主触头断开 → 电动机M1停转。

2. 识读接线图

图 5-4 为两台电动机顺序起动、逆序停止控制电路接线图，元件布置及布线见表 5-3。

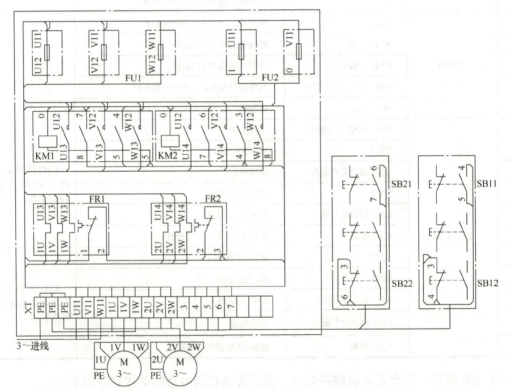

图 5-4　两台电动机顺序起动、逆序停止控制电路接线图

表 5-3　两台电动机顺序起动逆序停止控制电路元件布置及布线一览表

序号	项目		具体内容	备注
1	元件位置		FU1、FU2、KM1、KM2、FR1、FR2、XT	
2			电动机 M1、M2、SB11、SB12、SB21、SB22	
3	控制板上元件的布线	控制电路走线	0 号线：FU2→KM2→KM1	
4			1 号线：FU2→FR1	
5			2 号线：FR1→FR2	
6			3 号线：KM2→FR2→XT	
7			4 号线：KM1→KM2→XT	
8			5 号线：KM1→KM1→XT	
9			6 号线：KM2→XT	
10			7 号线：KM1→KM2→XT	
11			8 号线：KM1→KM2	
12		主电路走线	U11、V11：XT→FU1→FU2	
13			W11：XT→FU1	
14			U12、V12、W12：FU1→KM1→KM2	
15			U13、V13、W13：KM1→FR1	
16			U14、V14、W14：KM2→FR2	
17			1U、1V、1W：FR1→XT	
18			2U、2V、2W：FR2→XT	
19			PE：XT→XT→XT	
20	外围元件的布线	按钮走线	3 号线：XT→SB12→SB22	
21			4 号线：XT→SB12→SB11	
22			5 号线：XT→SB11	
23			6 号线：XT→SB22→SB21	
24			7 号线：XT→SB21	
25		电动机走线	1U、1V、1W、PE：XT→M1	
26			2U、2V、2W、PE：XT→M2	
27		电源走线	U11、V11、W11、PE：电源→XT	

五、作业指导

1. 检测元件

按表 5-1 配齐所用元件，检查元件的规格是否符合要求，并检测元件的质量是否完好。

2. 固定元件

根据元件固定方法，按图 5-4 接线图固定元件。

3. 配线安装

（1）板前配线安装　参照图 5-5，遵循板前配线原则及工艺要求，按图 5-4 和表 5-3 进行板前配线。

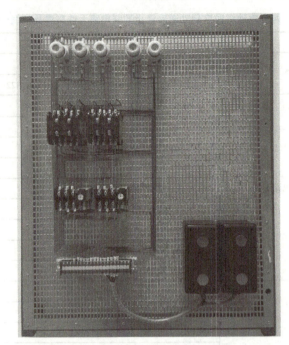

图 5-5 两台电动机顺序起动、逆序停止控制电路安装板

1）安装控制电路。依次安装 0 号线、1 号线、2 号线、3 号线、4 号线、5 号线、6 号线、7 号线、8 号线。

2）安装主电路。依次安装 U11、V11、W11、U12、V12、W12、U13、V13、W13、U14、V14、W14、1U、1V、1W、2U、2V、2W、PE。热继电器的接线应可靠，不可露铜过长。

（2）外围设备配线安装

1）安装连接按钮，依次连接按钮的 3 号、4 号、5 号、6 号和 7 号线，再按照导线号与接线端子 XT 的下端对接。

2）安装电动机 M1、M2，连接电源线及金属外壳的接地线，并按照线号与接线端子 XT 的下端对接。

3）连接三相电源插头线。

4. 自检

（1）检查布线　对照接线图检查是否掉线、错线，是否漏编或错编号以及接线是否牢固等。

（2）使用万用表检测　按表 5-4 使用万用表检测安装的电路，若测量阻值与正确阻值不符，应根据电路图检查是否有错线、掉线、错位或短路等情况。

表 5-4 使用万用表检测电路

序号	检测任务	操作方法		正确阻值	测量阻值	备注
1	检测主电路	测量 XT 的 U11 与 V11、U11 与 W11、V11 与 W11 之间的阻值	常态时，不动作任何元件	均为 ∞		
2			压下 KM1	为 M1 两相定子绕组的阻值之和		
3			压下 KM2	为 M2 两相定子绕组的阻值之和		

(续)

序号	检测任务	操作方法	正确阻值	测量阻值	备注
4	检测控制电路	测量 XT 的 U11 与 V11 之间的阻值	按下 SB11	均为 KM1 线圈的阻值		
			压下 KM1			
5			断开 SB12 按下 SB11 压下 KM2			
6			按下 SB21 再压下 KM1	均为 KM1 和 KM2 线圈并联的阻值		
7			压下 KM2 再压下 KM1			

5. 通电调试和故障模拟

（1）调试电路　经自检，确认安装的电路正确和无安全隐患后，在教师监护下，按表5-5通电试车。切记严格遵守操作规程，确保人身安全。

表 5-5　电路运行情况记录表

步骤	操作内容	观察内容	正确结果	观察结果	备注
1	旋转整定电流调节旋钮，将整定电流值设定为8.8A	整定电流值	8.8A		
2	先插上电源插头，再合上断路器	电源插头 断路器	已合闸		已供电，注意安全
3	按下起动按钮 SB11	KM1	吸合		
		电动机 M1	运转		
4	按下起动按钮 SB21	KM2	吸合		
		电动机 M2	运转		单手操作，注意安全
5	按下停止按钮 SB22	KM2	释放		
		电动机 M2	停转		
6	按下停止按钮 SB12	KM1	释放		
		电动机 M1	停转		
7	⚠ 拉下断路器后，拔下电源插头	断路器 电源插头	已分断		做了吗

（2）故障模拟

1）顺序起动故障模拟。在实际工作中，由于接触器的触点接触不良及触点弹簧失效等原因，将导致接触器吸合失效，不能实现顺序起动的功能。下面按表5-6模拟操作，观察故障现象。

表 5-6　故障现象观察记录表（一）

步骤	操作内容	造成的故障现象	观察的故障现象	备注
1	拆下 KM1 上的 8 号线			
2	先插上电源插头，再合上断路器	M1 起动后无法起动 M2		已送电，注意安全
3	按下 M1 起动按钮 SB11			M1 起动

表（续）

步骤	操作内容	造成的故障现象	观察的故障现象	备注
4	按下 M2 起动按钮 SB21	M1 起动后无法起动 M2		M2 不能起动
5	按下 M1 停止按钮 SB12			M1 停止
6	⚠ 拉下断路器后，拔下电源插头			做了吗

2）逆序停止故障模拟。下面按表 5-7 模拟操作，观察故障现象。

表 5-7 故障现象观察记录表（二）

步骤	操作内容	造成的故障现象	观察的故障现象	备注
1	拆下 KM2 上的 3 号线	在 M2 没有停止的情况下，按下 SB12，M1 停止，不能实现逆序停止功能		
2	先插上电源插头，再合上断路器			已送电，注意安全
3	按下 M1 起动按钮 SB11			M1 起动
4	按下 M2 起动按钮 SB21			M2 起动
5	按下 M1 停止按钮 SB12			M1 停止
6	按下 M2 停止按钮 SB22			M2 停止
7	⚠ 拉下断路器后，拔下电源插头			做了吗

（3）分析调试及故障模拟结果

1）按下 SB11，电动机 M1 起动，KM1 辅助常开触点闭合，此时再按下 SB21，电动机 M2 才能起动，实现了两台电动机顺序起动。停止时，因为此时 KM2 的一对辅助常开触点闭合并联在 SB12 两端，SB12 被短路不起作用，需要先按下 SB22，M2 才停止，KM2 辅助常开触点复位，再按下 SB12，M1 停止，两台电动机逆序停止。

2）断开串联在 KM2 线圈电路中的 KM1 辅助常开触点，M1 起动后，按下 SB21 无法起动 M2，不能实现顺序起动的控制要求。由此可见，控制电路中（7 号线→KM1 辅助常开触点→8 号线）的某处断开，就不能实现顺序起动的控制要求。

3）断开并联在 SB12 两端的 KM2 辅助常开触点，M2 未停止运转时按下 SB12 仍旧可以断开 M1，不能实现逆序停止的控制要求。由此可见，控制电路中（3 号线→KM2 辅助常开触点→4 号线）的某处断开，就不能实现逆序停止的控制要求。

4）图 5-3 电路能够实现两台电动机顺序起动、逆序停止，但出现紧急情况后，无法同时停止两台电动机。为此可以在控制电路中增加一个急停按钮。完善后的电路如图 5-6 所示。

6. 操作要点

1）安装电路时，不能盲目连接，必须理清思路，按照步骤进行，要反复检查电路及线号，防止错线。

2）电动机的外壳必须可靠接地。

3）通电调试前必须检查是否存在人身和设备安全隐患，确定安全后，必须在教师监护下，按照通电调试要求和步骤进行通电调试。

4）通电试车时，注意观察电动机、各电器元件及电路各部分是否正常。若发现异常情况，应立即切断电源开关。

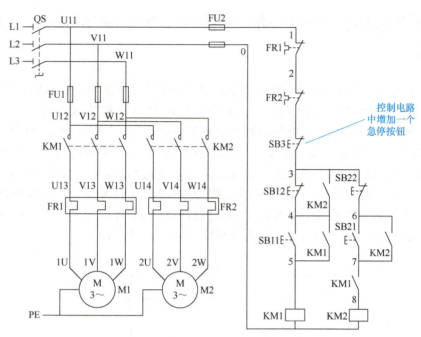

图 5-6　完善后的两台电动机顺序起动、逆序停止控制电路

六、质量评价

项目质量考核要求及评分标准见表 5-8。

表 5-8　项目质量考核要求及评分标准表

考核项目	考核要求	配分	评分标准	扣分	得分	备注
元件安装	1. 按照接线图布置元件 2. 正确固定元件	10	1. 不按接线图固定元件，扣 10 分 2. 元件安装不牢固，每处扣 3 分 3. 元件安装不整齐、不均匀、不合理，每处扣 3 分 4. 损坏元件，每处扣 5 分			
电路安装	1. 按图施工 2. 合理布线，做到美观 3. 规范走线，做到横平竖直，无交叉 4. 规范接线，无线头松动、反圈、压皮、露铜过长及损伤绝缘层 5. 正确编号	40	1. 不按接线图接线，扣 40 分 2. 布线不合理、不美观，每根扣 3 分 3. 走线不横平竖直，每根扣 3 分 4. 线头松动、反圈、压皮、露铜过长，每处扣 3 分 5. 损伤导线绝缘或线芯，每根扣 5 分 6. 错编、漏编号，每处扣 3 分			
通电试车	按照要求和步骤正确调试电路	50	1. 主控电路配错熔管，每处扣 10 分 2. 整定电流调整错误，扣 5 分 3. 一次试车不成功，扣 10 分 4. 二次试车不成功，扣 30 分 5. 三次试车不成功，扣 50 分			
安全生产	自觉遵守安全文明生产规程		1. 漏接接地线，每处扣 10 分 2. 发生安全事故，扣 20 分			
时间		4h	提前正确完成，每 5min 加 5 分；超过定额时间，每 5min 扣 2 分			
开始时间			结束时间		实际时间	

七、拓展提高——自动切换的电动机顺序起动、逆序停止控制电路

自动切换的电动机顺序起动、逆序停止控制电路如图5-7所示。起动时，按下起动按钮SB11，得电延时时间继电器KT1线圈和失电延时时间继电器KT2线圈同时得电吸合，KT1瞬时常开触点闭合自锁；KT2失电延时断开常开触点闭合，交流接触器KM1线圈得电吸合，其主触点KM1闭合，电动机M1起动。经一定延时后，KT1得电延时闭合常开触点闭合，交流接触器KM2线圈得电吸合，KM2主触点闭合，电动机M2起动，实现先起动电动机M1，再自动起动电动机M2。停止时，按下停止按钮SB12，此时KT1、KT2线圈均失电释放。KT1得电延时闭合常开触点断开，KM2线圈断电释放，M2停止转动。经一定延时后，KT2失电延时断开常开触点断开，KM1线圈失电释放，M1停止转动。

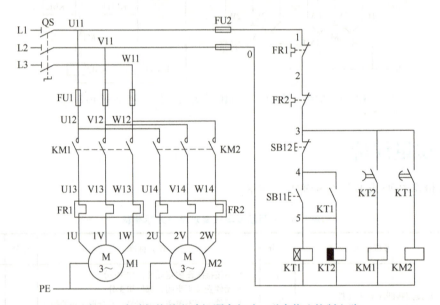

图5-7　自动切换的电动机顺序起动、逆序停止控制电路

八、素养加油站

专心致志

孟子说过："今夫弈之为数，小数也；不专心致志，则不得也。"意思是说，尽管下棋是一项小的技艺，但如果不一心一意、心无旁骛地去学，就不可能学到它的精髓。专心致志是一种认真的工作态度，是对事业的一种坚守，更是对责任的一种果敢担当。

周东红，中国宣纸股份有限公司的捞纸高级技师。1986年，他以学徒工的身份站到捞纸水槽边，开启了他捞纸的职业生涯。35年的坚守和努力，专注一心、明心立志，周东红终成长为一名国宝级的捞纸大师。

所谓捞纸，就是两位捞纸技师分别站立于水泥铸就的纸槽两头，同时抄起纸帘，将其在纸槽的宣纸浆水中浸没，随即从浆水里打捞纸浆。一分钟至少需要完成两次打捞，方可在抬手、弯腰、转步中将游离在槽里的纸浆抄捞出有形的纸张来。这项技艺对技师的动作精度和时间把控极具考验，而周东红捞的每刀纸（100张）的质量误差仅为±2g，无瑕疵、无杂质，且厚度均匀，技艺可谓无懈可击。

项目 5　两台电动机顺序起动、逆序停止控制电路

每年，经他手捞出的宣纸超过 30 万张，却没有一张不合格。每天上千次地重复一组动作，看似简单，其实不然。捞纸，不仅需要专心致志、夯实基本功，而且还需凝神静气、耐得住寂寞，动静结合，方显英雄本色。凭着一股认真劲，周东红每天重复捞纸 1400 多张，双手在水里浸泡长达十几个小时，但他从不抱怨，而是专注于本职工作，不断总结经验，在不同的光线下，不同的季节，他都能将宣纸的厚薄程度掌握得极为精准，终成一代大师。

周东红说："始终如一的专注，精益求精的追求，是我捞纸生涯的初衷信念。我每天忙碌的目的也很单纯，只想让更多人了解这门已经存在了千年的传统工艺，让宣纸这一项人类非物质文化遗产薪火相传。"在传统技艺上的精益求精和极致追求，让周东红不仅体会着劳动的快乐，也增添了传承人类非物质文化遗产的自豪。周东红赢在专心，胜在致志。

图 5-8 为周东红进行捞纸作业时的情景。

图 5-8　周东红在进行捞纸作业

习　题

一、填空题

1．要求几台电动机的起动或停止必须按一定的＿＿＿＿＿＿来完成的控制方式，称为电动机的顺序控制。三相异步电动机可在＿＿＿＿＿＿或＿＿＿＿＿＿实现顺序控制。

2．主电路实现电动机顺序控制的特点是：后起动电动机的主电路必须接在先起动电动机接触器＿＿＿＿＿＿的下方。

3．控制电路实现电动机顺序控制的特点是：后起动电动机的控制电路必须＿＿＿＿＿＿＿＿＿＿＿在先起动电动机接触器的自锁触点之后，并与其接触器线圈＿＿＿＿＿＿；或者在后起动电动机的控制电路中，串联先起动电动机接触器的＿＿＿＿＿＿。

二、画图题

图 5-9 所示为两条传送带运输机的示意图。请按下述要求画出两条传送带运输机的控制电路。

1）1 号传送带运输机起动后，2 号传送带运输机才能起动。

2）1 号传送带运输机必须在 2 号传送带运输机停止后才能停止。

3）具有短路、过载、欠电压及失电压保护。

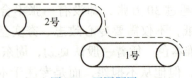

图 5-9 画图题图

三、问答题

1. 什么是顺序控制？常见的顺序控制有哪些？

2. 图 5-10 所示为两种电动机顺序控制控制电路（主电路略），试分析说明两种控制电路各有什么特点？能满足什么控制要求？

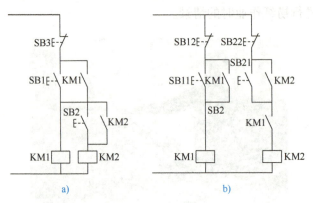

图 5-10 问答题 2 图

3. 分析图 5-11 所示控制电路的工作原理。

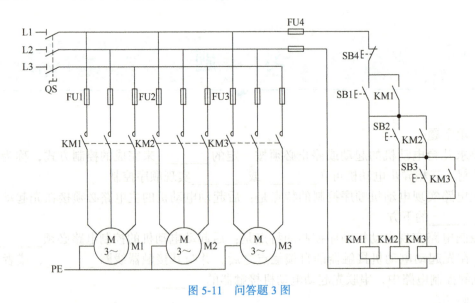

图 5-11 问答题 3 图

项目 6

丫-△减压起动控制电路

项目6

一、学习目标

1）知道电动机定子绕组丫联结和△联结的电流大小关系。
2）会识别、使用 RT18 型熔断器、JSZ3C 型时间继电器和 JRS2（NR4）型热继电器。
3）能正确识读丫-△减压起动控制电路图，并能说出电路的动作顺序。
4）会绘制丫-△减压起动控制电路接线图；掌握线槽配线的方法，能正确安装与调试电路。
5）知道严谨求实的精神内涵，并融入生产实践中，争做严谨求实的时代工匠。

二、工作任务

芒种时节，多地抢抓农时、积极打麦。农业大户王某用多台脱粒机打麦，将小麦籽粒与茎秆分离，如图 6-1 所示。有一天，王某找到电工师傅小王，寻求技术支持。原来他家的脱粒机是用 7.5kW 三相笼型异步电动机进行机械拖动的，在脱粒机起动时，其他用电器的电压瞬间下降，造成白炽灯变暗等现象发生，希望小王师傅能帮助解决。小王师傅接到请求后，决定尝试解决脱粒机直接起动造成的不良影响。

图 6-1　脱粒机及其拖动电动机

本项目任务是安装与调试丫-△减压起动控制电路。要求电路具有减压起动控制功能，即按下起动按钮后，电动机定子绕组接成丫联结减压起动；延时一段时间后，电动机定子绕组接成△联结全压运行。学习生产流程如图 6-2 所示。

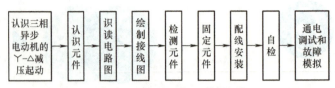

图 6-2 学习生产流程

三、生产领料

按表 6-1 到电气设备仓库领取施工所需的工具、设备及材料。

表 6-1 工具、设备及材料清单

序号	分类	名称	型号规格	数量	单位	备注
1	工具	常用电工工具		1	套	
2		万用表	MF47	1	只	
3	设备	熔断器	RT18-32	5	只	
4		熔管	20A	3	只	
			2A	2	只	
5		交流接触器	CJX1-9/22,380V	3	只	
6		热继电器	NR4-63	1	只	
7		时间继电器	JSZ3C,380V	1	只	
8		按钮	LA4-3H	1	只	
9		三相笼型异步电动机	7.5kW,△联结,380V	1	台	
10		端子	TD-1520	1	条	
11		导轨	35mm	0.5	m	
12		安装网孔板	600mm×700mm	1	块	
13		三相电源插头	25A	1	只	
14	材料	铜导线	BVR-1.5mm²	5	m	
15			BVR1.5mm²	2	m	双色
16			BVR-1.0mm²	5	m	
17			BVR-0.75mm²	2	m	
18		行线槽	TC3025	若干		
19		紧固件	M4×20 螺钉	若干	只	
20			M4 螺母	若干	只	
21			φ4mm 垫圈	若干	只	
22		编码管	φ1.5mm	若干	m	
23		编码笔	小号	1	支	

四、资讯收集

小王对农户提出的问题进行分析,查阅资料及工作手册,得知通过接触器主触点直接将电源引至电动机的定子绕组,使电动机得电运转,属于直接起动,又称全压起动。通常规定:

电源容量在 180kV·A 以上、电动机容量在 7kW 以下的三相异步电动机可采用直接起动。然而电动机在起动的瞬间，其起动电流一般可达到额定电流的 4～7 倍。如此大的电流，势必导致电网电压下降，不仅减小了电动机自身的起动转矩，还会影响同一供电系统中其他电气设备的正常工作。大容量电动机起动时，这种现象尤为严重。

为了减小电动机的起动电流，通常对较大容量的电动机采用减压起动的方法。丫-△减压起动就是一种适用于电动机空载或轻载起动的减压起动方法。

1. 认识三相异步电动机的丫-△减压起动

减压起动是指利用正常设备将电压适当降低后，加到电动机的定子绕组上使电动机起动，待电动机正常运转后，再使其电压恢复到额定电压。由电动机原理可知，电动机的电流随电压的降低而减小，所以减压起动达到了减小起动电流的目的。但是，由于电动机转矩与电压的二次方成正比，减压起动也将导致电动机的起动转矩大为降低。

三相异步电动机减压起动时，其定子绕组有三角形（△）和星形（丫）联结两种方法。在电动机的接线盒内，可看到三相对称定子绕组的出线端子，其编号分别为 U1-W2、V1-U2 与 W1-V2。根据起动要求，在电动机起动时可将其定子绕组接成丫联结，如图 6-3a 所示，即将定子绕组出线端子 U2、V2、W2 短接，将 U1、V1、W1 接三相电源线，将电动机的外壳接 PE 线；在电动机全压运行时，将定子绕组接成△联结，如图 6-3b 所示，即先将定子绕组出线端子 U1 与 W2、V1 与 U2、W1 与 V2 短接，再将 U1、V1、W1 接三相电源线。

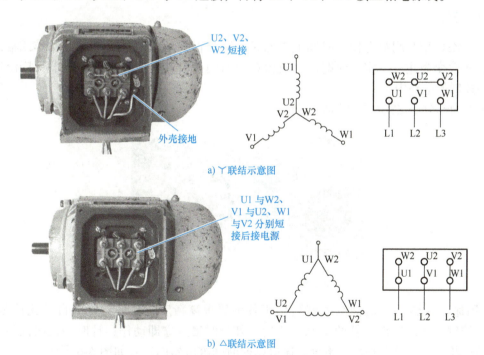

a) 丫联结示意图

b) △联结示意图

图 6-3　三相异步电动机定子绕组的接法

丫-△减压起动是指电动机起动时，控制定子绕组先接成丫联结，以降低起动电压，限制起动电流。待电动机起动后，再将定子绕组改成△联结，使电动机全压运行。对于额定电压为 380V 的三相异步电动机，当定子绕组采用丫联结时，其各相绕组的电压为 220V；当定子绕组采用△联结时，各相绕组的电压为 380V，见表 6-2。可见，采用丫联结时的相电压比采用△联结时小得多。根据三相对称负载电压与电流的关系，可计算得到丫联结的起动电流为△联结起动电流的 1/3。

表 6-2 定子绕组的相电压

接法	使用万用表检测电动机的相电压 /V		
	U1-U2	V1-V2	W1-W2
Y联结	220	220	220
△联结	380	380	380

减压起动三相异步电动机的机座上装有铭牌，铭牌上标有电动机的型号和主要技术数据。如图 6-4 所示，电动机的额定功率为 7.5kW，额定电流为 11.7A，额定转速为 1440r/min，额定电压为 380V，额定工作状态下采用△联结。

三相异步电动机			
型号 Y2-132S-4	功率 7.5kW		电流 11.7A
频率 50Hz	电压 380V	接法 △	转速 1440r/min
防护等级 IP44	重量 68kg	工作制 S1	F级绝缘
××电机厂			

图 6-4 三相异步电动机的铭牌

2. 认识元件

（1）JSZ3C 型时间继电器　时间继电器是一种自得到动作信号起至触点动作或输出电路产生跳跃式改变为止有一定延时时间，且该延时时间符合其精度要求的继电器，广泛用于按时间顺序控制的电路中。

图 6-5 为部分 JSZ3 系列时间继电器。

图 6-5 部分 JSZ3 系列时间继电器

1）用途。JSZ3 系列时间继电器适用于各种要求高精度、高可靠性的自动化控制场合，用于延时控制。当时间继电器的电源接通后，其瞬时触点立即动作；计时一段时间后，其延时常闭触点断开、延时常开触点闭合。通电延时时间继电器的符号如图 6-6 所示。

　　a）线圈　　b）瞬时常开触点　　c）瞬时常闭触点　　d）延时常开触点　　e）延时常闭触点

图 6-6 通电延时时间继电器的符号

2）型号及含义。JSZ3 系列时间继电器的型号及含义：

项目6 Y-△减压起动控制电路

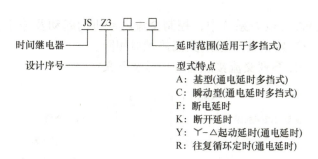

3）主要技术参数。JSZ3C 型时间继电器的主要技术参数见表 6-3。

表 6-3 JSZ3C 型时间继电器的主要技术参数

线圈额定电压 /V	触点额定电流 /A	触点数量	延时范围
AC 36/110/127/220/380 DC 24	3	延时 1 转换 瞬时 1 转换	A：0.5s/5s/30s/3min B：1s/10s/60s/6min C：5s/50s/5min/30min D：10s/100s/10min/60min E：60s/10min/60min/6h F：2min/20min/2h/12h G：4min/40min/4h/24h

4）引脚及其功能。JSZ3C 型时间继电器的引脚及其功能如图 6-7 所示。引脚的读法是：将时间继电器的引脚指向自己，从定位键开始按顺时针方向依次读取为 1、2、3、4、5、6、7、8 号引脚。安装时，时间继电器的引脚是旋转 180°后背对着自己插进插座，所以插座的插口读法应是：从定位槽开始按逆时针方向依次读取为 1、2、3、4、5、6、7、8 号引脚。

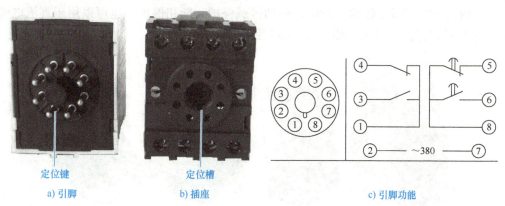

a) 引脚　　　　b) 插座　　　　c) 引脚功能

图 6-7 JSZ3C 型时间继电器的引脚及其功能

（2）CJX1-9 型交流接触器　图 6-8 为部分 CJX 系列交流接触器。

图 6-8 部分 CJX 系列交流接触器

1）用途。CJX1-9 型交流接触器主要用于额定频率 AC 50Hz 或 60Hz、额定绝缘电压

690V、额定工作电流 9A 的电力系统中，控制交流电动机的起动及停止，或远距离接通和分断电路。其工作原理、符号与 CJT1 系列交流接触器相同。

2）型号及含义。CJX 系列交流接触器的型号及含义：

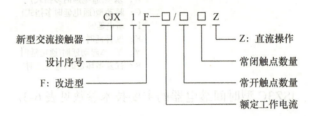

3）主要技术参数。CJX1-9/22 型交流接触器的主要技术参数见表 6-4。

表 6-4　CJX1-9/22 型交流接触器的主要技术参数

额定工作电流/A	额定绝缘电压/V	可控电动机功率/kW（AC-3）					连接导线截面积/mm²	熔断器规格/A	
		230V/220V	400V/380V	500V	690V/660V	1000V		1 型	2 型
9	690	2.4	4	5.5	5.5		1～2.5	35	25

注：表中熔断器的选用是根据 IEC 947-4-1 标准，1 型配合保护——允许接触器及热继电器遭受损坏；2 型配合保护——热继电器不受损坏，接触器触点允许熔焊（如果触点容易分离）。

（3）JRS2-63/F 型热继电器　图 6-9 为部分 JRS 系列热继电器。JRS2 是国内热继电器型号。

1）用途。热继电器适用于 AC 50Hz/60Hz、额定工作电压至 660V、额定工作电流 0.1～63A 的长期或间断工作的一般电动机的过载保护和断相保护，也可以用于直流电磁铁和直流电动机的过载保护。其工作原理与 JR36 型热继电器类似。

图 6-9　部分 JRS 系列热继电器

2）型号及含义。JRS 系列热继电器的型号及含义：

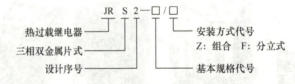

3）主要技术参数。JRS2-63/F 型热继电器的主要技术参数见表 6-5。

表 6-5 JRS2-63/F 型热继电器的主要技术参数

热元件	规格及整定电流范围/A	0.1～0.16、0.16～0.25、0.25～0.4、0.4～0.63、0.63～1、0.8～1.25、1～1.6、1.25～2、2～3.2、2.5～4、3.2～5、4～6.3、5～8、6.3～10、8～12.5、10～16、12.5～20、16～25、20～32、25～40、32～45、40～57、50～63						
辅助触点	使用类别	额定发热电流：6A						
		各额定工作电压下的额定工作电流/A						控制额定功率
		36V	48V	110V	127V	220V	380V	交流/V·A	直流/W
	AC-15	2.8			0.79	0.45	0.26	100	
	DC-13		0.62	0.27		0.14			30
三相负载平衡	额定电流倍数	1.05		1.2		1.5		7.2	
	动作时间	>2h 不动作		<2h 动作		10A 级 <2min 动作		10A 级 2s<T_p≤10s 动作	
						10 级 <4min 动作		10 级 4s<T_p≤10s 动作	
	试验条件	冷态		热态		热态		冷态	
三相负载不平衡	额定电流倍数	任意两相		另一相		任意两相		另一相	
		1.0		0.9		1.15		0	
	动作时间	>2h 不动作				<2h 动作			
	试验条件	冷态				热态			

（4）RT18-32 型熔断器 图 6-10 为 RT18 系列熔断器。

1）用途。RT18 系列熔断器适用于 AC 50Hz、额定工作电压为 380V、额定工作电流至 63A 的工业电气装置的配电设备，用于电路过载和短路保护。其工作原理、图形符号与螺旋式熔断器相同。

图 6-10 RT18 系列熔断器

2）型号及含义。RT18 系列熔断器的型号及含义：

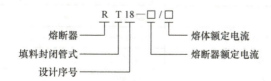

3）主要技术参数。RT18-32 型熔断器的主要技术参数见表 6-6。

表 6-6 RT18-32 型熔断器的主要技术参数

RT18 系列	熔断器额定电压/V	熔断器额定电流/A	熔体额定电流等级/A
RT18-32	380	32	2、4、6、8、10、16、20、25、32
RT18-63		63	2、4、6、10、16、20、25、32、40、50、63

3. 识读电路图

图 6-11 为丫-△减压起动控制电路。图中 KM1 用于电动机引入电源，KM2 主触点用于电动机定子绕组的丫联结，KM3 主触点用于电动机定子绕组的△联结。为了避免 KM2 和 KM3 同时吸合而造成三相电源短路，KM2 和 KM3 采用联锁保护。

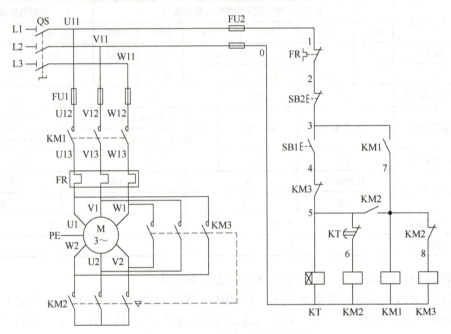

图 6-11　丫-△减压起动控制电路

（1）电路组成　丫-△减压起动控制电路的组成及各元件的功能见表 6-7。

表 6-7　丫-△减压起动控制电路的组成及各元件的功能

序号	电路名称	电路组成	元件功能	备注
1	电源电路	QS	电源开关	
		FU2	熔断器，用于控制电路短路保护	
2	主电路	FU1	熔断器，用于主电路短路保护	KM2 和 KM3 联锁
3		KM1 主触点	用于引入电源	
4		FR 驱动元件	过载保护	
5		KM2 主触点	丫联结	
6		KM3 主触点	△联结	
7		M	电动机	
8	控制电路	FR 常闭触点	过载保护	KM2 与 KM3 采用联锁保护
9		SB2	停止按钮	
10		SB1	起动按钮	
11		KM3 辅助常闭触点	联锁保护	
12		KT 线圈	延时控制触点动作	
13		KT 常闭触点	延时断开丫联结	
14		KM2 线圈	控制 KM2 的吸合与释放	
15		KM2 辅助常开触点	顺序控制 KM1	

（续）

序号	电路名称	电路组成	元件功能	备注
16	控制电路	KM1 线圈	控制 KM1 的吸合与释放	KM2 与 KM3 采用联锁保护
17		KM1 辅助常开触点	KM1 自锁用	
18		KM2 辅助常闭触点	联锁保护	
19		KM3 线圈	控制 KM3 的吸合与释放	

（2）动作顺序　Y-△减压起动控制电路的动作顺序如下：

1）先合上电源开关 QS。

2）起动：

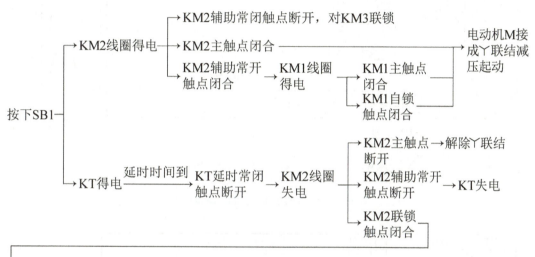

3）停止：按下 SB2→控制电路失电→接触器主触点断开→电动机失电停转。

4. 绘制接线图

根据接线图的绘制原则和方法，绘制 Y-△减压起动控制电路的接线图。

1）根据图 6-11 电路图，考虑好元件位置后，画出电气元件并编写其文字符号，如图 6-12 所示。

2）如图 6-12 所示，根据"面对面"原则，对照电路图编写所用元件的线号。

3）板上控制电路布线。对照电路图，按线号从小到大的顺序逐一布线，当电路与外围元件连接时，只需布一根线至接线端子 XT 的上端即可。从本项目开始，均采用线槽配线，所以可不必过多考虑电路的交叉问题。

4）外围控制电路布线。对照电路图，按线号从小到大的顺序逐一布线。当与板上元件连接时，只需布一根线至接线端子 XT 下端即可。

5）板上主电路布线。与板上控制电路布线方法一样。

6）外围主电路布线。与外围控制电路布线方法一样。

7）接地线布线。凡外壳带有金属的元件都必须布接地线。

Y-△减压起动控制电路的参考接线图如图 6-13 所示。

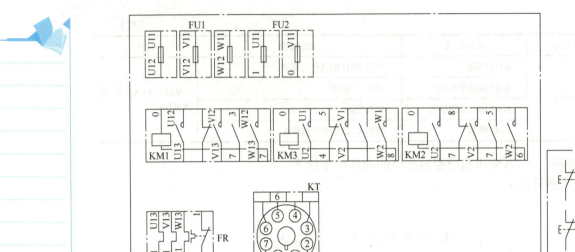

图 6-12 Y-△减压起动控制电路布置图

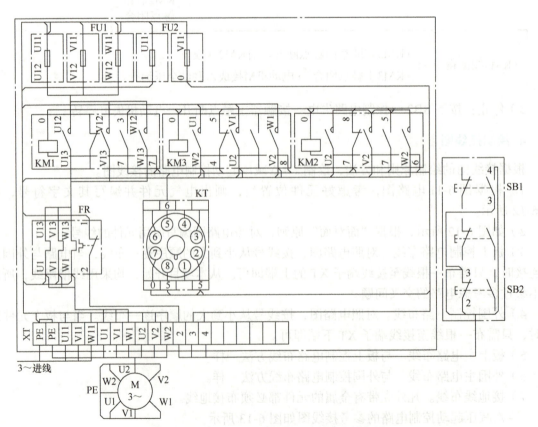

图 6-13 Y-△减压起动控制电路的参考接线图

五、作业指导

1. 检测元件

（1）检测时间继电器　读图6-14，按表6-8检测JSZ3C型时间继电器。

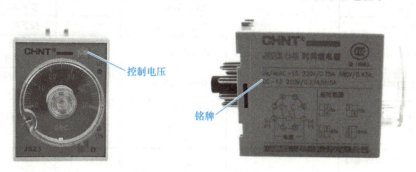

图6-14　JSZ3C型时间继电器

表6-8　JSZ3C型时间继电器的检测过程

序号	检测任务	检测方法	参考值	检测值
1	读时间继电器的铭牌	位于时间继电器的侧面	内容有型号、触点容量等	使用时，规格的选择必须正确
2	读时间继电器的控制电压		AC 380V	
3	读KT的引脚号	引脚朝操作者，按顺时针方向读取		
4	读KT插座的插口号	插口朝操作者，按逆时针方向读取		
5	读引脚接线图	位于时间继电器的侧面		
6	检测、判别延时常闭触点的好坏	测量5-8号引脚之间的阻值	阻值约为0Ω	
7	检测、判别瞬时常闭触点的好坏	测量1-4号引脚之间的阻值	阻值约为0Ω	
8	检测、判别延时常开触点的好坏	测量6-8号引脚之间的阻值	阻值为∞	
9	检测、判别瞬时常开触点的好坏	测量1-3号引脚之间的阻值	阻值为∞	
10	测量线圈的阻值	测量2-7号引脚之间的阻值		

注：KT线圈阻值的大小与产品、控制电压的等级及类型有关。

（2）检测热继电器　以NR4-63型热继电器为例，读图6-15，按表6-9检测NR4-63型热继电器。

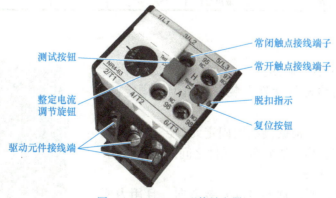

图6-15　NR4-63型热继电器

表 6-9　NR4-63 型热继电器的检测过程

序号	检测任务	操作方法	参考值	检测值	操作要点
1	读热继电器的铭牌	位于热继电器的侧面	内容有型号、额定电压、电流等		使用时，规格的选择必须正确
2	找到脱扣指示	见图 6-15	绿色		复位时，脱扣指示顶出
3	找到测试按钮		红色（Test）		按下时，FR 动作
4	找到复位按钮		蓝色（Reset）		按下时，FR 复位
5	按下测试按钮		脱扣指示顶出		脱扣指示顶出，表示 FR 已过载动作
6	按下复位按钮		脱扣指示弹进		脱扣指示弹进，表示 FR 未过载动作
7	找到 3 对驱动元件的接线端子		1 L1-2 T1 3 L2-4 T2 5 L3-6 T3		编号标在热继电器的顶部面罩上
8	找到常开触点的接线端子		97-98		
9	找到常闭触点的接线端子		95-96		
10	找到整定电流调节旋钮		黑色圆形旋钮，标有整定值范围		调节旋钮位于热继电器的顶部
11	检测、判别常闭触点的好坏	常态时，测量常闭触点的阻值	阻值约为 0Ω		若测量阻值与参考阻值不同，则说明触点已损坏或接触不良
		按下测试按钮后，再测量其阻值	阻值为 ∞		
12	按下复位按钮				
13	检测、判别常开触点的好坏	常态时，测量常开触点的阻值	阻值为 ∞		
		按下测试按钮后，再测量其阻值	阻值约为 0Ω		

（3）检测熔断器　按表 6-10 检测 RT18-32 型熔断器。

表 6-10　RT18-32 型熔断器的检测过程

序号	检测任务	检测方法	参考值	检测值	要点提示
1	读熔断器的型号和规格	位于熔断器底座的侧面或盖板上	RT18-32 380V/32A		使用时，规格的选择必须正确
2	检测、判别熔断器的好坏	方法与识别 RL1-15 熔断器一样	阻值约为 0Ω		若测量的阻值为 ∞，说明熔体已熔断或盖板未卡好，造成接触不良
3	读熔管的额定电流	打开盖板，取出熔管	16A		

2. 固定元件

参照图 6-16，对照绘制的接线图（图 6-13），先固定 35mm 安装导轨，再将电气元件卡装在导轨上。固定时，要注意以下几点：

1）必须按图施工，根据接线图固定元件。固定导轨时，所有元件应整齐、均匀地分布，元件之间的间距合理，以便于元件的更换及维修。

2）卡装元件时，要注意各自的安装方向，且用力要均匀，避免倒装或损坏元件。

图 6-16　Y-△减压起动控制电路安装板

3）时间继电器插进专用插座时，应保持定位键插在定位槽内，以防插反、插坏。

3. 配线安装

（1）线槽配线安装　根据所学的配线原则及工艺要求，对照绘制的接线图进行线槽配线安装。板前配线需按照由里及外的顺序达到无交叉要求，而线槽配线是通过线槽走线，导线全装在线槽内，故操作者不必考虑交叉问题，只需按照线号的先后顺序进行配线安装即可。如图 6-13 所示，配线时各个接线端子的引出导线的走向应以元件的中心线为界线，中心线上方的导线进入元件上面的行线槽；中心线下方的导线进入元件下面的行线槽。

1）安装控制电路。依次安装 0 号线、1 号线、2 号线、3 号线、4 号线、5 号线、6 号线、7 号线、8 号线。安装容易出错的地方有：

① 新型号与旧型号的元件结构有差异，常开触点、常闭触点混淆，容易错位或接错。可查阅产品使用说明或用万用表测量，确认后再接线安装。

② 时间继电器的引脚接线出错。使用说明上标出的引脚图为引脚朝着操作者时的视图（按照顺时针读取），但时间继电器插进专用引脚座后，其引脚是背对着操作者的，所以引脚要按逆时针读取。

③ 线槽外的走线长短、高低、前后不一致。槽外走线要合理，美观大方、横平竖直，避免交叉。

④ 线槽内的线杂乱。要将进入行线槽内的导线完全置于线槽内，尽可能避免交叉，装线的容量不得超过总容量的 70%。

2）安装主电路。依次安装 U11、V11、W11、U12、V12、W12、U13、V13、W13、U1、V1、W1、U2、V2、W2、KM2 上的短接线和 PE 线。安装工艺要求与控制电路一样。布线时，要特别注意 KM3 的相序及编号，确保 KM3 吸合时，电动机定子绕组的 U1 与 W2、V1 与 U2、W1 与 V2 相连。

（2）外围设备配线安装

1）安装连接按钮。

2）安装电动机，连接好电源连接线及金属外壳的接地线。

3）连接三相电源线。

4. 自检

1）检查布线。对照电路图检查是否掉线、错线，是否漏编或错编号以及接线是否牢固等。

2）使用万用表检测。按表 6-11 使用万用表检测安装的电路，若测量阻值与正确阻值不符，应根据电路图检查是否有错线、掉线、错位或短路等情况。

表 6-11　使用万用表检测电路

序号	检测任务	操作方法		正确阻值	测量阻值	备注
1	检测主电路	测量 XT 的 U11 与 V11、U11 与 W11、V11 与 W11 之间的阻值	常态时，不动作任何元件	均为 ∞		
2			同时压下 KM1 和 KM2	均为 M 两相定子绕组的阻值之和		
3			同时压下 KM1 和 KM3	均小于 M 单相定子绕组的阻值		
4		压下 KM3 后，分别测量 XT 的 U1 与 W2、V1 与 U2、W1 与 V2 之间的阻值		均约为 0Ω		

（续）

序号	检测任务	操作方法		正确阻值	测量阻值	备注
5	检测控制电路	测量XT的U11与V11之间的阻值	常态时，不动作任何元件	均为∞		
6			按下SB1	KT与KM2线圈的并联值		
7			压下KM2后，按下SB1	KT、KM2与KM1线圈的并联值		
8			同时压下KM1、KM2	KT、KM2与KM1线圈的并联值		
9			压下KM1	KM1与KM3线圈的并联值		
10			同时压下KM1、KM3	KM1与KM3线圈的并联值		

5. 通电调试和故障模拟

（1）调试电路　时间继电器整定时间的调整如图6-17所示。经自检，确认安装的电路正确和无安全隐患后，在教师的监护下，按照表6-12通电试车。切记严格遵守操作规程，确保人身安全。

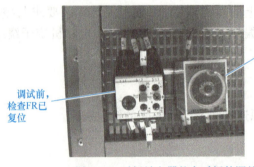

调试前，检查FR已复位

时间调节旋钮，左旋调大，右旋调小

图6-17　时间继电器整定时间的调整

表6-12　电路运行情况记录表

步骤	操作内容	观察内容	正确结果	观察结果	备注
1	旋转FR整定电流调节旋钮，将整定电流设定为12A	整定电流值	12A		
2	旋转KT整定时间调节旋钮，将整定时间设定为3s	整定时间值	3s		需反复调整
3	先插上电源插头，再合上断路器	电源插头断路器	已合闸		已供电，注意安全
4	按下起动按钮SB1	KM2	吸合		单手操作
		KT	得电		
		KM1	吸合		
		电动机	起动		

(续)

步骤	操作内容	观察内容	正确结果	观察结果	备注
5	3s 后	KM2	释放		单手操作
		KT	失电		
		KM1	吸合		
		KM3	吸合		
		电动机	运转		
6	按下停止按钮 SB2	KM1	释放		
		KM3	释放		
		电动机	停转		
7	⚠ 拉下断路器后，拔下电源插头	断路器 电源插头	已分断		做了吗

（2）故障模拟

1）时间继电器线圈开路故障模拟。由于时间继电器线圈、内部元件损坏等原因，导致内部延时电路不工作，从而造成电动机不能从丫联结向△联结转换。下面按表 6-13 模拟操作，观察故障现象。

表 6-13 故障现象观察记录表（一）

步骤	操作内容	造成的故障现象	观察的故障现象	备注
1	拆除 KT 线圈的 0 号线	电动机丫联结起动正常，但不能向△联结转换；且 KT 线圈不得电		
2	先插上电源插头，再合上断路器			已送电，注意安全
3	按下起动按钮 SB1			起动
4	按下停止按钮 SB2			
5	⚠ 拉下断路器后，拔下电源插头			做了吗

2）FU2 熔丝烧断故障模拟。由于变压器烧毁、控制电路短路等原因，导致 FU2 熔丝烧断，从而造成电路不工作。下面按表 6-14 模拟操作，观察故障现象。

表 6-14 故障现象观察记载记录表（二）

步骤	操作内容	造成的故障现象	观察的故障现象	备注
1	恢复 KT 线圈的 0 号线	控制回路不工作，电动机不能起动		
2	断开 FU2			
3	先插上电源插头，再合上断路器			已送电，注意安全
4	按下起动按钮 SB1			起动
5	⚠ 拉下断路器后，拔下电源插头			做了吗

（3）分析调试及故障模拟结果

1）按下起动按钮 SB1，电动机的定子绕组接成丫联结减压起动；延时一段时间后，电动机自动接成△联结全压运行，实现了丫-△减压起动控制。这种控制原则称为时间控制原则，在设备电气控制中广泛应用。

2）按下起动按钮 SB1，KM2 先吸合，KM1 后吸合。用 KM2 的辅助常开触点串联于 KM1 线圈电路中，控制两者的先后动作顺序，这种控制原则称为顺序控制原则，应用于顺序起动的场合。

3）JSZ3C 型时间继电器为通电延时型时间继电器。接通电源后，其延时常闭触点延时断开。

4）控制电路电源损坏直接导致整个电路不工作。

6. 操作要点

1）丫-△减压起动方式只适合于△联结运行的电动机，即电动机为△联结时的额定电压等于三相电源的线电压；对于丫联结运行的电动机不适用，否则会因电压过高而烧毁电动机。

2）配线时，必须保证电动机△联结的正确性，当 KM3 闭合时，定子绕组的出线端 U1 与 W2、V1 与 U2、W1 与 V2 相连。

3）时间继电器电源引脚的接线必须正确，不可接至常闭触点上，否则会造成控制电路电源短路。

4）变压器的铁心和电动机外壳必须可靠接地。

5）通电调试前必须检查是否存在人身和设备安全隐患，确定安全后，必须在教师的监护下，按照通电调试要求和步骤进行通电调试。

六、质量评价

项目质量考核要求及评分标准见表 6-15。

表 6-15　项目质量考核要求及评分标准表

考核项目	考核要求	配分	评分标准	扣分	得分	备注
元件安装	1. 按照布置图固定元件 2. 正确固定元件	10	1. 不按布置图固定元件，扣 10 分 2. 元件安装不牢固，每处扣 3 分 3. 元件安装不整齐、不均匀、不合理，每处扣 3 分 4. 损坏元件，每处扣 5 分			
电路安装	1. 按图施工 2. 合理布线，做到美观 3. 规范走线，做到横平竖直，无交叉 4. 规范接线，无线头松动、反圈、压皮、露铜过长及损伤绝缘层 5. 正确编号	40	1. 不按接线图接线，扣 40 分 2. 布线不合理、不美观，每根扣 3 分 3. 走线不横平竖直，每根扣 3 分 4. 线头松动、反圈、压皮、露铜过长，每处扣 3 分 5. 损伤导线绝缘或线芯，每根扣 5 分 6. 错编、漏编号，每处扣 3 分			
通电试车	按照要求和步骤正确调试电路	50	1. 主控电路配错熔管，每处扣 10 分 2. 整定电流调整错误，扣 5 分 3. 整定时间调整错误，扣 5 分 4. 一次试车不成功，扣 10 分 5. 二次试车不成功，扣 30 分 6. 三次试车不成功，扣 50 分			
安全生产	自觉遵守安全文明生产规程		1. 漏接接地线，每处扣 10 分 2. 发生安全事故，扣 20 分			
时间	4h		提前正确完成，每 5min 加 5 分；超过定额时间，每 5min 扣 2 分			
开始时间			结束时间		实际时间	

七、拓展提高——自耦变压器减压起动控制电路

自耦变压器减压起动控制电路如图6-18所示，按下起动按钮SB1，KM2和KM3得电，吸合自锁，电动机减压起动，同时KT线圈得电，开始计时；延时一段时间后，KM2与KM3失电释放，KM1得电吸合，电动机全压运行。此起动方法适用于较大容量的三相异步电动机的起动控制。

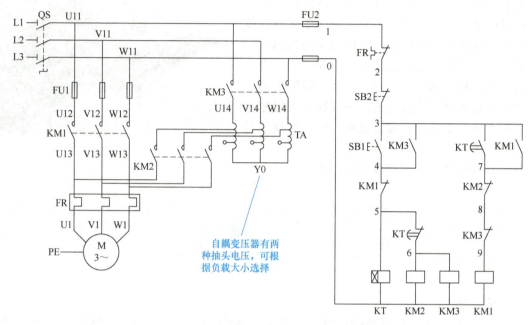

图6-18 自耦变压器减压起动控制电路图

八、素养加油站

严谨求实

严谨是一种严肃认真、细致周全、追求完美的工作态度；求实则是通过客观冷静的观察、思考和探求，悟透事物的内在机理，再采取最合适的方法去解决问题的做事原则。天下难事，必作于易；天下大事，必作于细。优秀的工匠会用规范和标准精确对待每一个零件、每一道工序、每一次检测，将"容易"的事当"艰难"的事做，将"细小"的事当"天大"的事做。这种严谨求实，是任何科学技术和先进设备都无法替代的。

胡双钱是上海飞机制造有限公司的一名高级技师，一位坚守祖国航空事业整整35年，加工了数十万件飞机零件且无一差错的普通钳工。对加工质量的专注和坚守，早已融入了胡双钱的血液之中，因为他心里清楚，他的一次小失误，可能意味着无法挽回的经济损失和生命代价。

"每个零件都关系着乘客的生命安全。因此，确保加工质量，是我最大的职责。"核准、划线、切割，拿起气动钻头依线点导孔，握着锉刀将零件的锐边倒圆、去毛刺、打光……这样的动作，他整整重复了几十个年头。车间里，严谨求实的胡双钱全身心投入到工作中，额头上的汗珠顺着脸颊滑落，和着空气中飘浮的铝屑凝结在头发上、脸上、工作服上。

一次，胡双钱按照流程为一架维修的大型飞机拧螺钉、上保险、安装外部零部件。"我每天睡前都喜欢'放电影'，想想今天做了什么，有没有做好。"那天晚上，回想一天的工作，

胡双钱对上保险这一环节感到一丝疑虑。在飞机零件中，保险是对螺钉起固定作用的装置，它确保飞机在空中飞行时，不会因振动过大而导致固定螺钉松动。胡双钱在家中辗转反侧、难以入眠，凌晨3点，他毅然出门，骑着自行车赶到单位，拆去层层外部零部件，仔细检查保险，当他发现保险没有问题，一颗悬着的心才落了下来。从此，在工作中，胡双钱每做完一步工序，都会反复检查几遍，确保没问题，再进入下一道工序，他说："再忙也不差这几秒，质量是生命线！"胡双钱严谨求实的工作态度，将"质量弦"绷得更紧了。不管是多么简单的加工工序，他都会在开工前认真核校图样，操作时小心谨慎，加工完毕后多次检查，他总是告诫大家要学会"慢一点，稳一点，精一点，准一点"。凭借多年积累的丰富经验和对质量的执着追求，胡双钱在飞机零件制造中大胆进行工艺技术攻关创新，终于实现了自己的人生价值。

图 6-19　胡双钱在工作中

图 6-19 为胡双钱认真工作时的情景。

习　题

一、填空题

1. Y-△减压起动是指电动机起动时，把定子绕组接成＿＿＿＿减压起动；待电动机转速上升并接近额定值时，再将电动机定子绕组改接成＿＿＿＿全压正常运行。

2. 三相异步电动机Y-△减压起动时，每相定子绕组上的起动电压是正常工作电压的＿＿＿＿倍，起动电流是正常工作电流的＿＿＿＿倍，起动转矩是正常工作转矩的＿＿＿＿倍。

3. 通常规定：电源容量在180kV·A以上、电动机容量在＿＿＿＿kW以下的三相异步电动机可采用直接起动。

4. 当时间继电器的电源接通后，其＿＿＿＿触点立即动作；延时一段时间后，其＿＿＿＿触点断开、＿＿＿＿触点闭合。

5. Y-△减压起动控制电路中，KM1用于电动机引入电源，KM2主触点用于电动机定子绕组的Y联结，KM3主触点用于电动机定子绕组的△联结。为了避免＿＿＿＿接触器和＿＿＿＿接触器同时吸合而造成三相电源短路，＿＿＿＿接触器和＿＿＿＿接触器采用联锁保护。

二、判断题

1. 凡是在正常运行时定子绕组做△联结的三相异步电动机，均可采用Y-△减压起动。（　　）

2. 采用Y-△减压起动的电动机需要有6个出线端。（　　）

3. 减压起动有几种方法，其中Y-△减压起动可适用于任何电动机。（　　）

4. Y-△减压起动方式只适合于Y联结运行的电动机。（　　）

5. 配线时，必须保证电动机△联结的正确性，定子绕组的出线端U1与U2、V1与V2、W1与W2相连。（　　）

三、选择题

1. 在图 6-11 电路中,电动机丫联结时,处于通电状态的线圈是（　　）。
   A. KM1、KT、KM2　　　　　B. KM1、KT
   C. KM1、KM2

2. 在图 6-11 电路中,若 KM2 线圈断线,按下 SB1 后,电动机处于（　　）工作状态。
   A. 不转　　　　B. 直接接成△联结起动运转
   C. 开始不转,后接成△联结起动运转

3. 在图 6-11 电路中,按下 SB1 后,电动机一直丫联结运转的原因是（　　）。
   A. KM2 线圈断线　　　　　B. KT 线圈断线
   C. KM3 线圈断线

4. JSZ3C 型时间继电器为（　　）型时间继电器。接通电源后,其延时常闭触点延时断开。
   A. 通电延时　　B. 断电延时　　C. 混合

5. RT18 系列熔断器适用于 AC 50Hz、额定电压为 380V、额定电流至 63A 的工业电气装置的配电设备,用于电路过载和（　　）保护。
   A. 失电压　　B. 欠电压　　C. 短路

四、问答题

1. 如何识别 RT18 型熔断器、JSZ3C 型时间继电器、CJX1-9 型接触器和 JRS2 型热继电器的好坏?

2. 如何将丫-△电动机接成丫联结和△联结?丫-△减压起动方法适合于哪种电动机?

3. 三相笼型异步电动机丫联结时,其起动电压、起动电流和起动转矩分别是△联结时的多少?

4. 安装丫-△减压起动控制电路时,有哪些注意容易出错的地方?

5. 图 6-20 是 QX3-13 型丫-△自行起动器的电路图,请分析其工作原理。

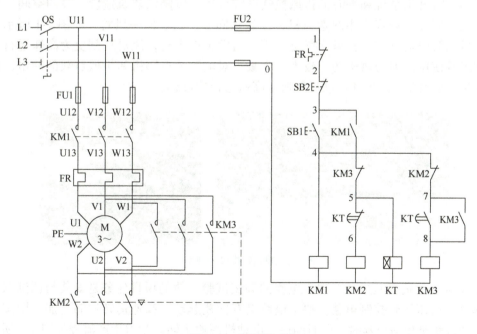

图 6-20　问答题 5 图

项目 7

双速电动机低速起动、高速运转控制电路

项目7

一、学习目标

1）会将双速电动机接成△/丫丫联结运转。
2）会识别、使用 JZC1-44 型接触器式继电器。
3）能正确识读双速电动机低速起动、高速运转控制电路图，并能说出电路的动作顺序。
4）会绘制双速电动机低速起动、高速运转控制电路的接线图，且能正确安装与调试电路。
5）知道一丝不苟的精神内涵，并融入生产实践中，争做一丝不苟的时代工匠。

二、工作任务

某公司修建六层办公楼，要求建筑设计师在确保设备的使用效率及可靠性的基础上，将地下车库的消防排烟系统和平时的排风换气系统合用，以降低建筑造价，节约空间。设计人员经过讨论、研究，最终选用双速风机，也就是同一风机、同一风管，如图 7-1 所示。通常情况下，风机低速运行作为排风换气机使用，当发生火灾时，风机立刻变为高速运行，作为消防排烟风机使用。因为风机功率较大，为减小对电源、电动机和机械负载的冲击，在进行高速切换时，必须要经过低速起动后转换至高速运行的过程。

图 7-1 建筑物排风排烟系统

施工团队小王负责其中一个单元电路的调试试验。他的项目任务是安装与调试双速电动机低速起动、高速运转控制电路。要求电路具有低速起动、高速运转控制功能，即按下起动按钮，电动机低速起动；延时一段时间后，电动机高速运转。学习生产流程如图 7-2 所示。

项目 7 双速电动机低速起动、高速运转控制电路

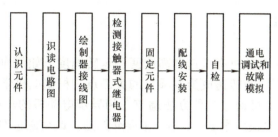

图 7-2 学习生产流程

三、生产领料

按表 7-1 到电气设备仓库领取施工所需的工具、设备及材料。

表 7-1 工具、设备及材料清单

序号	分类	名称	型号规格	数量	单位	备注
1	工具	常用电工工具		1	套	
2		万用表	MF47	1	只	
3		熔断器	RT18–32	5	只	
4		熔管	5A	3	只	
			2A	2	只	
5		交流接触器	CJX1–9/22，380V	3	只	
6		热继电器	NR4–63	1	只	
7	设备	时间继电器	JSZ3C，380V	1	只	
8		接触器式继电器	JZC1–44，380V	1	只	
9		按钮	LA4–3H	1	只	
10		三相笼型异步电动机	0.45/0.55kW，△/YY，380V	1	台	
11		端子	TD–1520	1	条	
12		安装网孔板	600mm×700mm	1	块	
13		导轨	35mm	0.5	m	
14		三相电源插头	16A	1	只	
15			BVR–1.5mm^2	5	m	
16		铜导线	BVR–1.5mm^2	2	m	双色
17			BVR–1.0mm^2	3	m	
18			BVR–0.75mm^2	2	m	
19	材料	行线槽	TC3025	若干		
20			M4×20 螺钉	若干	只	
21		紧固件	M4 螺母	若干	只	
22			ϕ4mm 垫圈	若干	只	
23		编码管	ϕ1.5mm	若干	m	
24		编码笔	小号	1	支	

四、资讯收集

查阅资料可知,双速电动机有低速和高速两种运转速度。如何通过改变双速电动机定子绕组的连接方式来得到不同的转速成为本项目的关键点。根据电机学原理,由电动机的转速公式 $n = (1-s)60f/p$ 可知,可通过三种方法调节三相异步电动机的转速:①改变电源频率 f;②改变转差率 s;③改变磁极对数 p。本项目主要介绍通过改变磁极对数来实现电动机调速的控制电路。

当双速电动机的定子绕组接法改变时,其磁极对数 p 也随之改变,从而改变了电动机转速,所以双速电动机属于变极调速,且为有级调速。

1. 认识元件

(1)双速电动机的定子绕组 双速电动机定子绕组的接法为△/YY。三相定子绕组接成△联结,由三个连接点接出三个出线端 U1、V1、W1,从每相绕组的中点各接出一个出线端 U2、V2、W2,这样,定子绕组共有 6 个出线端。通过改变这 6 个出线端与电源的连接方式,就可以得到两种不同的转速。

在双速电动机的接线盒内,可以看到三相对称定子绕组的出线端子,其编号分别为 U1-U2、V1-V2 和 W1-W2。根据起动要求,将双速电动机接成△联结运转,如图 7-3 所示,即将电动机的出线端子 U2、V2、W2 悬空,U1、V1、W1 分别与三相电源线 L1、L2、L3 相连。切记电动机的外壳必须接地。将双速电动机定子绕组接成YY联结运转,如图 7-4 所示,即将电动机接线端子 U1、V1、W1 短接,将 U2、V2、W2 分别与三相电源线 L1、L2、L3 相连。

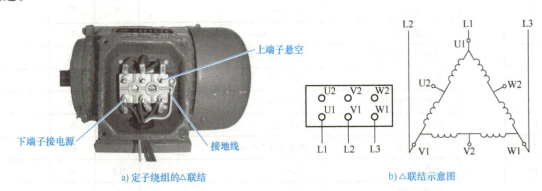

图 7-3 双速电动机定子绕组的△联结

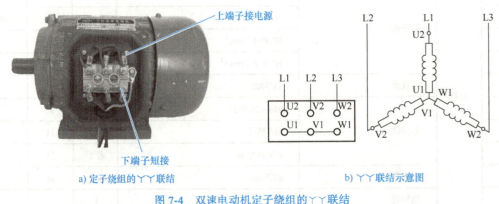

图 7-4 双速电动机定子绕组的YY联结

项目 7　双速电动机低速起动、高速运转控制电路

双速电动机定子绕组采用不同连接时的转速与转向见表 7-2。由表 7-2 可知，电动机定子绕组接成△联结时，磁极为 4 极，同步转速为 1500r/min；电动机定子绕组接成丫丫联结时，磁极为 2 极，同步转速为 3000r/min。可见，双速电动机高速运转时的转速是低速运转时的 2 倍。低速与高速切换时，若保持电源相序不变，则电动机的旋转方向相反；若改变电源相序，则电动机的旋转方向相同。根据电机学原理，对于倍极电动机，变极会改变电动机的相序，从而改变电动机的旋转方向。而非倍极双速电动机则与普通的笼型电动机一样，变速时，若电源相序不变，则其旋转方向就不会改变。

表 7-2　双速电动机的转速与转向

定子绕组接法	磁极	转速 / (r/min)	旋转方向
△联结	4	1500	正向
丫丫联结（不改变电源相序）	2	3000	反向
丫丫联结（改变电源相序）	2	3000	正向

双速电动机的机座上装有铭牌，铭牌上标有电动机的型号和主要技术数据。如图 7-5 所示，电动机的额定功率为 0.45kW/0.55kW，额定电流为 1.4A/1.5A，额定转速为 1440r/min/2860r/min，额定电压为 380V，定子绕组采用△/丫丫联结。

三相异步电动机			
型号　YU801–418		编号　0015	
功率　0.45kW/0.55kW		电流　1.4A/1.5A	
电压　380V	磁极　2/4 极	转速　1440r/min/2860r/min	
接法　△/丫丫	防护等级　IP44	频率　50Hz	重量　10kg
工作制　SI	B 级绝缘	生产日期　2004 年 11 月 2 日	

图 7-5　双速电动机的铭牌示意

（2）JZC1–44 型接触器式继电器　中间继电器是一种将一个输入信号变成一个或多个输出信号的电磁式继电器。其输入信号为线圈的通电和断电，输出信号为触点的动作，不同动作状态的触点分别将信号传给几个元件或电路。接触器式继电器是中间继电器的一种，图 7-6 为部分 JZ 系列中间继电器。

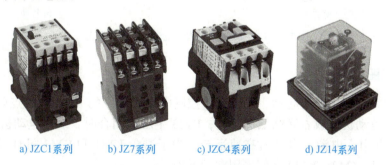

a) JZC1 系列　　b) JZ7 系列　　c) JZC4 系列　　d) JZ14 系列

图 7-6　部分 JZ 系列中间继电器

1）用途。JZC1 系列接触器式继电器主要用于 AC 50Hz 或 60Hz、额定工作电压至 660V 的控制电路中，用来控制各种电压线圈，使信号放大或将信号传递给有关控制元件，并可控制小容量的交流电动机。

2）型号及含义。JZC1 系列接触器式继电器的型号及含义：

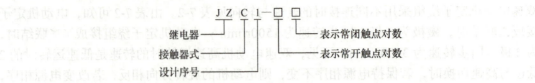

3）主要技术参数。JZC1-44型接触器式继电器的主要技术参数见表7-3。

表7-3　JZC1-44型接触器式继电器的主要技术参数

线圈额定电压 U_s 等级 /V	额定工作电流 /A		吸合电压	额定绝缘电压 /V	约定发热电流 /A	频率 /Hz
	380V	660V				
24、36、48、110、127、220、380	5	3	(85%～110%)U_s	660	10	50 或 60

4）外形与符号。如图7-7a所示，接触器式继电器的结构与接触器基本相同，由电磁系统、触点系统和动作机构等组成。当接触器式继电器的线圈得电时，其衔铁和铁心吸合，从而带动常闭触点分断、常开触点闭合；一旦线圈失电，其衔铁和铁心释放，常闭触点复位闭合、常开触点复位断开。其符号如图7-7b所示。

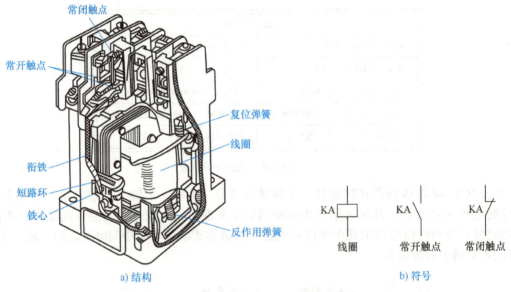

a) 结构　　　　　　　　　　　　b) 符号

图7-7　JZ7-44型接触式继电器的结构与符号

2. 识读电路图

图7-8为双速电动机低速起动、高速运转控制电路。图中的KM1主触点闭合时，将三相电源引入，双速电动机接成△联结低速起动；KM3主触点闭合时，双速电动机接成YY联结，通过KM2主触点引入电源，电动机高速运转。为了避免KM1和KM3同时吸合而造成三相电源短路，KM1与KM3、KM2之间采用联锁保护。

（1）电路组成　双速电动机低速起动、高速运转控制电路的组成及各元件的功能见表7-4。

项目7 双速电动机低速起动、高速运转控制电路

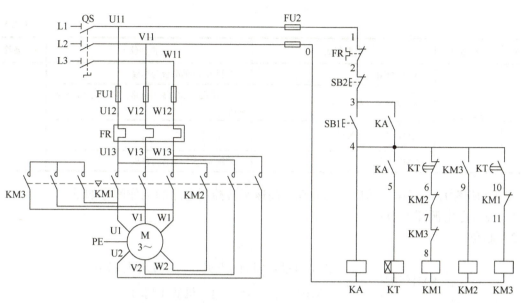

图 7-8 双速电动机低速起动、高速运转控制电路

表 7-4 双速电动机低速起动、高速运转控制电路的组成及各元件的功能

序号	电路名称	电路组成	元件功能	备注
1	电源电路	QS	电源开关	
		FU2	熔断器，用于控制电路短路保护	
2	主电路	FU1	熔断器，用于主电路短路保护	
3		FR 驱动元件	过载保护	
4		KM1 主触点	电动机低速运转时引入电源	KM2 和 KM3 联锁
5		KM3 主触点	电动机丫丫联结	
6		KM2 主触点	电动机高速运转时，引入电源	
7		M	电动机	
8	控制电路	FR 常闭触点	过载保护	
9		SB2	停止按钮	
10		SB1	起动按钮	
11		KA 自锁触点	KA 自锁用	
12		KA 线圈	控制 KA 的吸合与释放	
13		KA 常开触点	顺序控制 KT 线圈	
14		KT 线圈	起动计时，延时控制触点动作	
15		KT 延时常闭触点	延时断开 KM1 线圈电路，结束电动机低速起动	
16		KM2、KM3 辅助常闭触点	联锁保护	
17		KM1 线圈	控制 KM1 的吸合与释放	
18		KM3 辅助常开触点	顺序控制 KM2	

— 97 —

(续)

序号	电路名称	电路组成	元件功能	备注
19	控制电路	KM2 线圈	控制 KM2 的吸合与释放	
20		KT 延时常开触点	延时接通 KM3 线圈电路，起动电动机高速运转	
21		KM1 辅助常闭触点	联锁保护	
22		KM3 线圈	控制 KM3 的吸合与释放	

（2）动作顺序　双速电动机低速起动、高速运转控制电路的动作顺序如下：

1）先合上电源开关 QS。

2）起动：

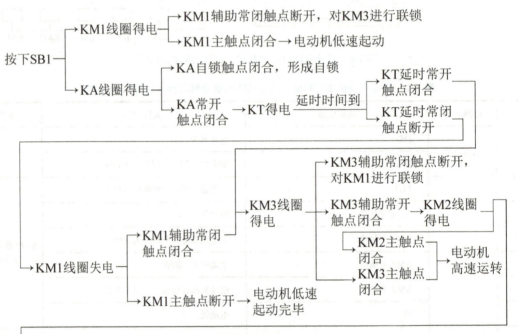

→KM2辅助常闭触点断开，对KM1进行联锁。

3）停止：按下 SB2→控制电路失电→接触器主触点断开→电动机失电停转。

3. 绘制接线图

根据接线图绘制原则，绘制双速电动机低速起动、高速运转控制电路接线图。其元件布置如图 7-9 所示。图 7-10 为参考接线图。

图 7-9　双速电动机低速起动、高速运转控制电路元件布置图

项目 7　双速电动机低速起动、高速运转控制电路

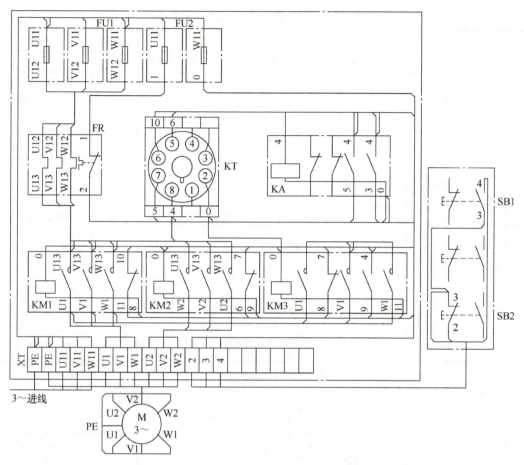

图 7-10　双速电动机低速起动、高速运转控制电路参考接线图

五、作业指导

1. 检测接触器式继电器

读图 7-11，按照表 7-5 检测 JZC1-44 型接触器式继电器。

图 7-11　JZC1-44 型接触器式继电器

表 7-5 JZC1-44 型接触器式继电器的检测过程

序号	检测任务	检测方法	参考值	检测值	要点提示
1	读铭牌	位于接触器侧面	标有型号、额定电压、电流等		
2	读线圈的额定电压	看线圈的标签	380V 50Hz		同一型号的接触器式继电器有不同的线圈电压等级
3	找到线圈的接线端子	见图 7-11	A1–A2		
4	找到 4 对常开触点的接线端子		13NO–14NO 23NO–24NO 33NO–34NO 43NO–44NO		编号标在继电器的顶部面罩上
5	找到 4 对常闭触点的接线端子		51NC–52NC 61NC–62NC 71NC–72NC 81NC–82NC		
6	检测、判别 4 对常闭触点的好坏	常态时，测量各常闭触点的阻值	阻值均约为 0Ω		若测量阻值与参考阻值不同，则说明触点已损坏或接触不良
		压下继电器后，再测量其阻值	阻值均为 ∞		
7	检测、判别 4 对常开触点的好坏	常态时，测量各常开触点的阻值	阻值均为 ∞		
		压下继电器后，再测量其阻值	阻值均为 0Ω		
8	检测、判别线圈的好坏	万用表置 $R \times 100\Omega$ 挡调零后，测量线圈的阻值	阻值约为 500Ω		若阻值过大或过小，说明已损坏
9	测量各触点之间的阻值	万用表置 $R \times 10k\Omega$ 挡调零后测量	阻值均为 ∞		说明所有触点都是独立的

2. 固定元件

按表 7-1 配齐所用元件，参照项目 6 的方法及要点，按照图 7-8 固定元件。其中，JZC1-44 型接触器式继电器的固定方法与 CJX1-9 型交流接触器一样。

3. 配线安装

（1）线槽配线安装　根据线槽配线原则及工艺要求，对照绘制的接线图进行线槽配线安装。

1）安装控制电路。JZC1-44 型接触器式继电器与 CJX1-9 型交流接触器常开、常闭触点的分布有所区别，容易混淆，要辨别清楚后再接线安装。

2）安装主电路。布线时，要特别注意 KM1 与 KM2 出线端的编号，确保双速电动机由低速向高速转换时电源相序相反，转向相同。

（2）外围设备配线安装

1）安装连接按钮。

2）安装电动机，连接好电源连接线及金属外壳的接地线。

3）连接三相电源线。

4. 自检

1）检查布线。对照电路图检查是否掉线、错线，是否漏编或错编号以及接线是否牢固等。

2）使用万用表检测。按表7-6使用万用表检测安装的电路，若测量阻值与正确阻值不符，应根据电路图检查是否有错线、掉线、错位或短路等情况。

表7-6 使用万用表检测电路

序号	检测任务	操作方法		正确阻值	测量阻值	备注
1	检测主电路	分别测量XT的U11与V11、U11与W11、V11与W11之间的阻值	常态时，不动作任何元件	均为∞		
2			压下KM1	均小于M单相定子绕组的阻值		
3			同时压下KM1和KM3	均约为0Ω		
4			同时压下KM1和KM2	均小于M单相定子绕组的阻值		
5		压下KM2，两表笔分别搭接XT的U11与W2、V11与V2、W11与U2		均约为0Ω		
6	检测控制电路	测量XT的U11与V11之间的阻值	常态时，不动作任何元件	均为∞		
7			按下SB1	KA与KM1线圈的并联值		
8			压下KA	KA、KT与KM1线圈的并联值		
9			压下KM3后，按下SB1	KA、KM1与KM2线圈的并联值		
10			压下KM2后，按下SB1	KA线圈的阻值		
11		测量KT的10号线与0号线之间的阻值		KM3线圈的阻值		

5. 通电调试和故障模拟

（1）调速电路 经自检，确认安装的电路正确和无安全隐患后，在教师的监护下，按表7-7通电试车。切记严格遵守操作规程，确保人身安全。

表7-7 电路运行情况记录表

步骤	操作内容	观察内容	正确结果	观察结果	备注
1	旋转FR整定电流调节旋钮，将整定电流值设定为10A	整定电流值	10A		
2	旋转KT整定时间调节旋钮，将整定时间设定为3s	整定时间值	3s		
3	先插上电源插头，再合上断路器	电源插头 断路器	已合闸		已供电，注意安全
4	按下起动按钮SB1	KA	吸合		单手操作，注意安全
		KT	得电		
		KM1	吸合		
		电动机	低速正转		

（续）

步骤	操作内容	观察内容	正确结果	观察结果	备注
5	延时 3s	KM1	释放		
		KM2	吸合		
		KM3	吸合		
		电动机	高速正转		单手操作，注意安全
6	按下停止按钮 SB2	KA	释放		
		KT	失电		
		KM1	释放		
		KM3	释放		
		电动机	停转		
7	⚠ 拉下断路器后，拔下电源插头	断路器 电源插头	已分断		做了吗

（2）故障模拟

1）KT 延时常开触点接触不良故障模拟。因 KT 延时常开触点接触不良，导致 KM3 不能得电吸合，从而造成电动机起动后自动停车。下面按表 7-8 模拟操作，观察故障现象。

表 7-8　故障现象观察记录表（一）

步骤	操作内容	造成的故障现象	观察的故障现象	备注
1	拆除 KT 上的 10 号线	电动机低速起动正常，延时后自动停车；同时 KT、KA 保持得电状态		
2	先插上电源插头，再合上断路器			已送电，注意安全
3	按下起动按钮 SB1			
4	延时 3s			
5	按下停止按钮 SB2			
6	⚠ 拉下断路器后，拔下电源插头			做了吗

2）低速正转起动，高速反转运行故障模拟。由于安装人员的疏忽，改变了 KM2 主触点出线的相序，造成电动机低速正转起动，高速反转运行。下面按表 7-9 模拟操作，观察故障现象。

表 7-9　故障现象观察记录表（二）

步骤	操作内容	造成的故障现象	观察的故障现象	备注
1	对调 KM2 主触点出线中的任意两根	电动机低速正转起动高速反转运行		
2	先插上电源插头，再合上断路器			已送电，注意安全
3	按下起动按钮 SB1			
4	延时 3s			
5	按下停止按钮 SB2			
6	⚠ 拉下断路器后，拔下电源插头			做了吗

（3）分析调试及故障模拟结果

1）按下起动按钮 SB1，电动机的定子绕组接成△联结低速起动，延时一段时间后，电动机自动接成丫丫联结高速运行，实现了低速起动、高速运转控制。

2）通过接触器 KM1 与 KM2、KM3 的切换，不仅可以改变电动机的转速，还可以改变电动机的转向。这在自动控制大门、金属切削机床等场合应用非常广泛。

6. 操作要点

1）对于三相倍极电动机，在低速与高速转换时，若电源相序相同，则两者转向相反；反之，则相同。

2）配线时，KM1 和 KM2 的主触点不能对调，否则会造成电源短路事故。

3）时间继电器常开延时触点与常闭延时触点共用 8 号引脚。

4）变压器的铁心和电动机外壳必须可靠接地。

5）通电调试前必须检查是否存在人身和设备安全隐患，确定安全后，必须在教师的监护下，按照通电调试要求和步骤进行通电调试。

六、质量评价

项目质量考核要求及评分标准见表 7-10。

表 7-10 项目质量考核要求及评分标准表

考核项目	考核要求	配分	评分标准	扣分	得分	备注
元件安装	1. 按照元件布置图布置元件 2. 正确固定元件	10	1. 不按布置图布置元件，扣 10 分 2. 元件安装不牢固，每处扣 3 分 3. 元件安装不整齐、不均匀、不合理，每处扣 3 分 4. 损坏元件，每处扣 5 分			
电路安装	1. 按图施工 2. 合理布线，做到美观 3. 规范走线，做到横平竖直，无交叉 4. 会规范接线，无线头松动、反圈、压皮、露铜过长及损伤绝缘层 5. 正确编号	40	1. 不按接线图接线，扣 40 分 2. 布线不合理、不美观，每根扣 3 分 3. 走线不横平竖直，每根扣 3 分 4. 线头松动、反圈、压皮、露铜过长，每处扣 3 分 5. 损伤导线绝缘或线芯，每根扣 5 分 6. 错编、漏编号，每处扣 3 分			
通电试车	按照要求和步骤正确调试电路	50	1. 主控电路配错熔管，每处扣 10 分 2. 整定电流调整错误，扣 5 分 3. 整定时间调整错误，扣 5 分 4. 一次试车不成功，扣 10 分 5. 二次试车不成功，扣 30 分 6. 三次试车不成功，扣 50 分			
安全生产	自觉遵守安全文明生产规程		1. 漏接接地线，每处扣 10 分 2. 发生安全事故，扣 20 分			
时间		4h	提前正确完成，每 5min 加 5 分；超过定额时间，每 5min 扣 2 分			
开始时间		结束时间		实际时间		

七、拓展提高——转换开关和时间继电器控制的双速电动机电路

转换开关和时间继电器控制的双速电动机电路如图 7-12 所示，转换开关置"低速"挡时，KM1 得电吸合，电动机低速运转；转换开关置"高速"挡时，KT 得电吸合，KT 瞬时常开触点闭合，KM1 得电吸合，电动机低速起动，延时一段时间后，KT 延时常闭触点断开，KM1 失电释放；KT 延时常开触点闭合，KM2、KM3 得电吸合，电动机高速运转；转换开关置"停止"挡时，控制电路失电，电动机停转。此电路常用于变极调速的机床设备控制中，如 T68 型镗床等的控制中。

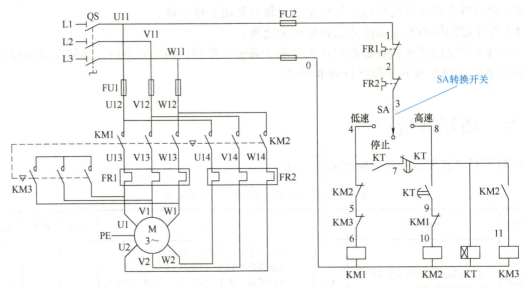

图 7-12 转换开关和时间继电器控制的双速电动机电路

八、素养加油站

一丝不苟

"一丝不苟"语出吴敬梓的《儒林外史》，是指做事认真细致，最细微的地方也不能马虎。一丝不苟，是通向精益求精之路的坚定态度，主要体现在始终严格遵循工作规范和质量标准层面，兢兢业业做事，踏踏实实工作，将每一个操作要求和工作步骤都落实到位，不放过任何一个细节之处，确保操作结果符合标准，甚至超过标准，没有瑕疵，不留缺憾。

2018 年 10 月 23 日，港珠澳大桥正式通车。这座"一桥连三地"的世纪工程，被媒体誉为"新世纪七大奇迹之一"。而中交集团一航局第二工程有限公司的管延安，就是这座超级工程的建设者之一。33 节巨型沉管，60 多万颗螺钉，他的执着和认真，助他创下了 5 年零失误的深海建造奇迹，他也因此被誉为中国"深海钳工"第一人。

港珠澳大桥海底隧道由 33 条沉管连接而成，每条沉管标准长度为 180m，水平面积堪比 10 个篮球场之和。超级沉管在 12m 海底实现厘米级精确对接，在业内人士看来，这项技术的难度系数，丝毫不亚于"神舟九号"与"天宫一号"的对接。

管延安负责的项目中有一种设备叫作截止阀，它的作用是沉管对接时控制入水量，调节下沉速度，从而让两节隧道在深海中精准对接。"如果在地面完成对接，只要拧紧螺钉就够

项目 7 双速电动机低速起动、高速运转控制电路

了，非常简单。但要在深海中完成两节隧道的精准对接，做到设备不渗水不漏水，安装接缝处的间隙必须小于 1mm，就只能靠手感来操作了。"管延安说。

管延安为了寻找精密的手上最佳感觉，扔下手套，徒手拧螺钉，经过千百次枯燥的拆卸和安装练习，他左右手拧螺钉均能凭手感达到误差不超过 1mm 的高精准水平。他说："大家都称呼我中国'深海钳工'第一人，其实我只是告诉自己要一丝不苟、不厌其烦地在每一件设备、每一颗螺钉安装完后，坚持做到反复检查 3～5 遍。世上无难事，只要肯登攀。"管延安并非生来就是一个技术超群的钳工，他之所以能够有今天这样的技术水平和工作成就，得益于他一丝不苟的工作态度，几年如一日的专注付出，慢工出细活的执着追求。

图 7-13 为管延安工作时的情景。

图 7-13　管延安在工作中

习　题

一、填空题

1. 根据电机学原理，由电动机的转速 $n=$ _____，三相异步电动机的转速可通过三种方法来实现：①改变_____；②改变_____；③改变_____。

2. 当双速电动机的_____绕组接法改变时，其_____也随之改变，从而改变了电动机转速，所以双速电动机属于_____调速，且为有级调速。

3. 中间继电器是一种将一个输入信号变成_____输出信号的电磁式继电器，其输入信号为_____，输出信号为_____，不同动作状态的触点分别将信号传给几个元件或电路。

4. 接触器式继电器的结构与接触器基本相同，由_____系统、_____系统和动作机构等组成。当接触器式继电器的线圈得电时，其_____和_____吸合，从而带动常闭触点_____、常开触点_____；一旦线圈失电，其衔铁和铁心释放，常闭触点_____、常开触点_____。

5. 对于三相倍极电动机，在低速与高速转换时，若电源相序相同，则两者转向_____；反之，则_____。

二、判断题

1. 双速异步电动机有两种运转速度，可以通过改变其定子绕组的联结方式得到不同的转速。（　　）

2. 将双速电机接成△运转，将电动机接线端子 U1、V1、W1 短接，将 U2、V2、W2 分别与三相电源线 L1、L2、L3 相连。（　　）

3. 对于双速电动机低速起动高速运转控制电路，为了避免 KM1 和 KM3 同时吸合而造成

三相电源短路，KM1 与 KM3、KM2 之间采用联锁保护。　　　　　　　　　　（　　）

4. 对于三相倍极电动机，在低速与高速转换时，若电源相序相同，则两者转向相同；反之，则相反。　　　　　　　　　　　　　　　　　　　　　　　　　　　　　　　（　　）

5. 变压器的铁心和电动机外壳必须可靠接地。　　　　　　　　　　　　　（　　）

三、选择题

1. 双速电动机定子绕组的接法为（　　）联结。
   A. △/Y   B. △/YY   C. Y/△△

2. 实现三相异步电动机转速的三种方法是：改变电源频率、改变转差率和改变（　　）。
   A. 磁极对数   B. 电流   C. 电压

3. 双速电动机低速起动、高速运转控制电路的 KM1 主触点闭合时，将三相电源引入，双速电动机接成△联结低速起动；KM3 主触点闭合时，双速电动机接成（　　）联结，通过 KM2 主触点引入电源，电动机高速运转。
   A. △   B. Y   C. YY

4. 电动机定子绕组接成△联结时，磁极为 4 极，同步转速为（　　）；电动机定子绕组接成YY联结时，磁极为 2 极，同步转速为（　　）。
   A. 1000r/min   B. 1500r/min   C. 3000r/min

5. 双速电动机低速起动、高速运转控制电路，通过接触器 KM1 与 KM2、KM3 的切换，不仅可以改变电动机的（　　），还可以改变电动机的（　　）。
   A. 转向   B. 转速   C. 频率

四、问答题

1. 如何检测判别接触器式继电器的好坏？

2. 三相异步电动机的调速方法有哪三种？本项目中双速电动机的调速是如何实现的？

3. 双速电动机的出线端子是如何分布的？分别绘制双速电动机在低高速时定子绕组的连接示意图。

4. 简述双速电动机的转向与电源相序之间的关系。

5. 简述双速电动机低速起动、高速运转控制电路的工作原理，若电路中的 KT 延时常开触点接触不良，试分析会出现何种故障现象？

项目 8

单向运转反接制动控制电路

项目 8

一、学习目标

1) 会识别、使用 JY1 型速度继电器。
2) 会正确识读单向运转反接制动控制电路图,并能说出电路的动作顺序。
3) 会绘制单向运转反接制动控制电路接线图,并能正确安装与调试电路。
4) 知道追求极致的精神内涵,并融入生产实践中,争做追求极致的时代工匠。

二、工作任务

某食品加工有限公司增产扩容,准备定制加工食品 PVC 输送带,加大食品车间生产线输送食品的运力,如图 8-1 所示。生产车间现有的传送带在使用中存在一定的安全隐患,若使用不当,有可能会造成工人受伤。定制要求中除要求 PVC 输送带为洁净无毒食品级外,电气安全方面也提出了瞬间停车的改进要求,即当工人在传送带附近发生意外时,要求关闭机器并快速制动,避免造成二次伤害。

图 8-1 加工食品 PVC 输送带

某输送带生产企业接到订单后,根据甲方的定制要求进行了技术设计和技术调试。电气工程师陈工的任务是安装与调试单向运转反接制动控制电路。要求电路具有单向运转反接制动控制功能,即按下起动按钮,电动机单方向运转;按下停止按钮,电动机瞬间制动。学习生产流程如图 8-2 所示。

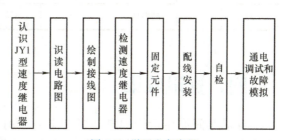

图 8-2 学习生产流程

三、生产领料

按表 8-1 到电气设备仓库领取施工所需的工具、设备及材料。

表 8-1　工具、设备及材料清单

序号	分类	名称	型号规格	数量	单位	备注
1	工具	常用电工工具		1	套	
2		万用表	MF47	1	只	
3		熔断器	RT18-32	5	只	
4		熔管	5A	3	只	
			2A	2	只	
5		交流接触器	CJX1-9/22，380V	2	只	
6		热继电器	NR4-63	1	只	
7	设备	速度继电器	JY1，500V，2A	1	只	
8		按钮	LA4-3H	1	只	
9		三相笼型异步电动机	0.75kW，Y联结，380V	1	台	
10		端子	TD-1520	1	条	
11		安装网孔板	600mm×700mm	1	块	
12		导轨	35mm	0.5	m	
13		三相电源插头	16A	1	只	
14			BVR-1.5mm^2	5	m	
15		铜导线	BVR-1.5mm^2	2	m	双色
16			BVR-1.0mm^2	5	m	
17			BVR-0.75mm^2	2	m	
18	材料	行线槽	TC3025	若干		
19			M4×20 螺钉	若干	只	
20		紧固件	M4 螺母	若干	只	
21			ϕ4mm 垫圈	若干	只	
22		编码管	ϕ1.5mm	若干	m	
23		编码笔	小号	1	支	

四、资讯收集

食品车间原生产线的电动机断电后，由于惯性不会立即停转，总是继续转动一段时间后才完全停转，这种惯性转动不能满足迅速停车的要求。为了满足迅速停车的要求，工程师选择了反接制动的方法。在电动机停车时，将其反接，施加反向转矩，而当转速接近零时，又必须停止反接控制，否则电动机将继续反转下去。速度继电器便具有检测电动机转速的功能。

1. 认识 JY1 型速度继电器

JY1 型速度继电器是反映转速与转向的电器，主要用于 AC 50Hz 或 60Hz、额定工作电压至 500V 的控制电路中，常用来控制电动机反转或反接制动，如图 8-3 所示。

图 8-3　JY1 型速度继电器

（1）型号及含义　JY1 型速度继电器的型号及含义如下：

（2）主要技术参数　JY1 型速度继电器的主要技术参数见表 8-2。

表 8-2　JY1 型速度继电器的主要技术参数

触点额定电压 /V	触点额定电流 /A	额定工作转速 /（r/min）	允许操作频率 /（次 /min）
500	2	150～3000	660

（3）结构与符号　如图 8-4a 所示，速度继电器主要由转子、定子、支架、胶木摆杆和触点系统等组成。当速度继电器旋转至一定速度时，触点动作；当其转速减小到接近零时，其触点复位。速度继电器的符号如图 8-4b 所示。

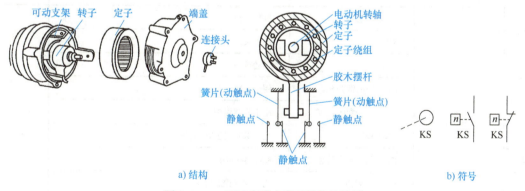

a) 结构　　　　　　　　　　　　　　b) 符号

图 8-4　JY1 型速度继电器的结构及符号

2. 识读电路图

图 8-5 为单向运转反接制动控制电路。图中 KM1 主触点闭合时，电动机单向运转；KM2 主触点闭合时，电动机反接制动。KM1 与 KM2 之间采用联锁保护。

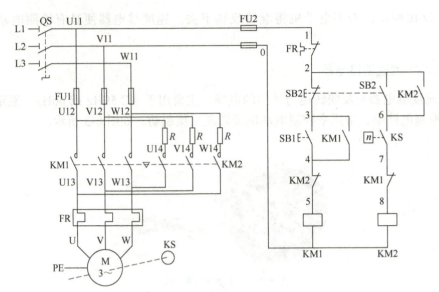

图 8-5 单向运转反接制动控制电路

（1）电路组成　单向运转反接制动控制电路的组成及各元件的功能见表 8-3。

表 8-3 单向运转反接制动控制电路的组成及各元件的功能

序号	电路名称	电路组成	元件功能	备注
1	电源电路	QS	电源开关	
		FU2	熔断器，用于控制电路短路保护	
2	主电路	FU1	熔断器，用于主电路短路保护	
3		KM1 主触点	控制电动机单向运转	
4		KM2 主触点	控制电动机反接制动	
5		反接制动电阻 R	反接制动限流	
6		FR 驱动元件	过载保护	
7		M	电动机	
8	控制电路	FR 常闭触点	过载保护	
9		SB2	停止按钮	
10		SB1	起动按钮	
11		KM1 辅助常开触点	用于 KM1 自锁	
12		KM2 辅助常闭触点	用于联锁保护	
13		KM1 线圈	控制 KM1 的吸合与释放	
14		KM2 辅助常开触点	KM2 自锁用	
15		KS 常开触点	用于速度控制	
16		KM1 辅助常闭触点	用于联锁保护	
17		KM2 线圈	控制 KM2 的吸合与释放	

（2）动作顺序　单向运转反接制动控制电路的动作顺序如下：

1）先合上电源开关 QS。

2）起动：

项目8 单向运转反接制动控制电路

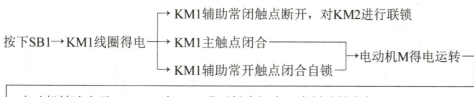

3）反接制动：

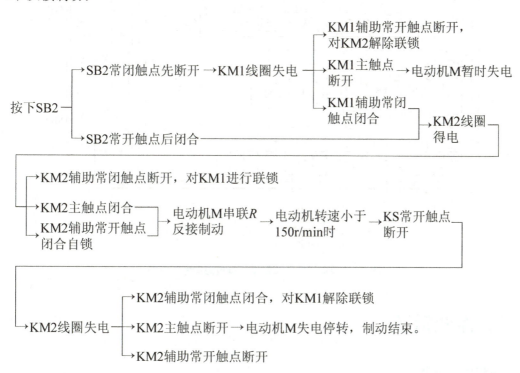

3. 绘制接线图

根据图8-5绘制接线图，其元件布置如图8-6所示，图8-7为参考接线图。

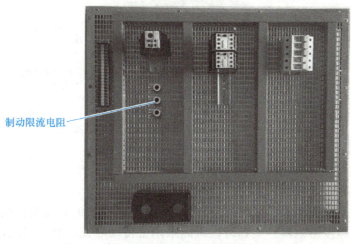

图8-6 单向运转反接制动控制电路元件布置图

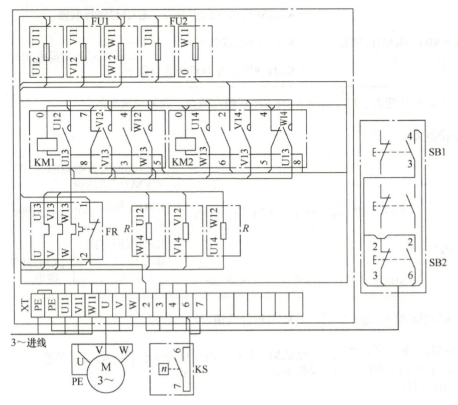

图 8-7 单向运转反接制动控制电路参考接线图

五、作业指导

1. 检测速度继电器

读图 8-8，按照表 8-4 检测 JY1 型速度继电器。

图 8-8 JY1 型速度继电器的触点系统

2. 固定元件

参照项目 6 的方法和要求，按照图 8-5 固定元件。电动机的转速快，反接制动冲击力大，同轴连接容易损坏速度继电器。实训时，可以采用带传动对速度继电器进行减速，以延长速度继电器的使用寿命。如图 8-9 所示，速度继电器与电动机的轴线要平行，两带轮的中心面要重合，以保证传动带不会因扭曲而从轮上掉下。

表 8-4　JY1 型速度继电器的检测过程

序号	检测任务	检测方法	参考值	检测值	要点提示
1	读铭牌	铭牌位于速度继电器的端盖上	内容有型号、额定电压、电流等		
2	找到常开触点	见图 8-8	动触点与静触点分断		通过胶摆杠，碰撞触点系统动作
3	找到常闭触点		动触点与静触点接通		
4	找到动作值、返回值的调节螺钉		穿过弹簧的螺钉		改变螺钉的长短，可改变弹簧的弹力，从而改变 KS 的动作值、返回值
5	观察触点的动作情况	正旋 KS	只有一组触点动作		旋转的速度要大于 150 r/min
6		反旋 KS	另一组触点动作		
7	检测、判别两对常闭触点的好坏	旋转 KS，转速小于 150r/min 时测量其阻值	阻值约为 0Ω		若测量阻值与参考阻值不同，则说明触点已损坏或接触不良
8		旋转 KS，转速大于 150r/min 时测量其阻值	阻值为 ∞		
9	检测、判别两对常开触点的好坏	旋转 KS，转速小于 150r/min 时测量其阻值	阻值为 ∞		
10		旋转 KS，转速大于 150r/min 时测量其阻值	阻值约为 0Ω		

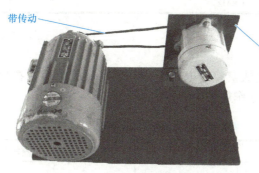

图 8-9　电动机和速度继电器的固定

3. 配线安装

（1）线槽配线安装　根据线槽配线原则及工艺要求，对照绘制的接线图（图 8-7）进行线槽配线安装。

1）安装控制电路。

2）安装主电路。

（2）外围设备配线安装

1）安装连接按钮。

2）连接速度继电器。连接前，要弄清常开与常闭触点的接线端子，更要注意旋转方向与两组触点的对应关系。

3）安装电动机，连接好电源连接线及金属外壳的接地线。

4）连接三相电源线。

4. 自检

（1）检查布线　对照接线图检查是否掉线、错线，是否漏编或错编号以及接线是否牢固等。

（2）使用万用表检测　按表 8-5 使用万用表检测安装的电路，若测量阻值与正确阻值不符，应根据电路图检查是否有错线、掉线、错位或短路等情况。

表 8-5　使用万用表检测电路

序号	检测任务	操作方法		正确阻值	测量阻值	备注
1	检测主电路	分别测量 XT 的 U11 与 V11、U11 与 W11、V11 与 W11 之间的阻值	常态时，不动作任何元件	均为 ∞		
2			压下 KM1	均为 M 两相定子绕组的阻值之和		
3			压下 KM2	均为 M 两相定子绕组与两个 R 的阻值之和		
4						
5	检测控制电路	测量 XT 的 U11 与 V11 之间的阻值	常态时，不动作任何元件	为 ∞		
6			按下 SB1	KM1 线圈的阻值		
7			压下 KM1			
8			旋转 KS，按下 SB2	KM2 线圈的阻值		
9			旋转 KS，压下 KM2			

5. 通电调试和故障模拟

（1）调试电路　经自检，确认安装的电路正确和无安全隐患后，在教师的监护下，按照表 8-6 通电试车。切记严格遵守操作规程，确保人身安全。

表 8-6　电路运行情况记录表

步骤	操作内容	观察内容	正确结果	观察结果	备注
1	旋转 FR 整定电流调节旋钮，将整定电流设定为 10A	整定电流值	10A		
2	调节速度继电器的调整螺钉，改变动作值、返回值	弹簧的弹力大小			
3	先插上电源插头，再合上断路器	电源插头、断路器	已合闸		已供电，注意安全
4	按下起动按钮 SB1	KM1	吸合		所用 KS 触点与旋转方向要对应，否则不能反接制动
		电动机	运转		
		KS 常开触点	闭合		
5	按下停止按钮 SB2（必须按到底）	KM1	释放		
		KM2	闭合后释放		
		电动机	瞬间停转		
6	⚠ 拉下断路器后，拔下电源插头	断路器、电源插头	已分断		做了吗

（2）故障模拟　实际工作中，油污会导致触点接触不良，造成反接制动时速度继电器失

灵，电动机不能瞬间制动故障。下面按表8-7模拟操作，观察故障现象。

表8-7 故障现象观察记录表

步骤	操作内容	造成的故障现象	观察的故障现象	备注
1	拆除KS上的6号线	按下停止按钮后，电动机不能瞬间停车，且KM2不动作		
2	先插上电源插头，再合上断路器			已送电，注意安全
3	按下起动按钮SB1			
4	按下停止按钮SB2（必须按到底）			
5	⚠ 拉下断路器后，拔下电源插头			做了吗

（3）分析调试及故障模拟结果

1）按下起动按钮SB1，电动机单向运转，速度继电器动作；按下停止按钮SB2，电动机瞬间停车，实现了电动机单向运转反接制动控制。这种控制原则称为速度控制原则，应用于反转及反接制动等控制中。

2）反接制动力强、制动迅速，但制动过程中冲击大，容易损坏传动零件，不能频繁使用。

6. 操作要点

1）接线时，要理清旋转方向与触点的对应关系。
2）调整速度继电器的动作值和返回值时，必须先切断电源，确保人身安全。
3）反接制动操作不宜过于频繁。
4）电动机外壳和变压器的铁心都必须可靠接地。
5）通电调试前必须检查是否存在人身和设备安全隐患，确定安全后，必须在教师的监护下，按照通电调试要求和步骤进行通电调试。

六、质量评价

项目质量考核要求及评分标准见表8-8。

表8-8 项目质量考核要求及评分标准表

考核项目	考核要求	配分	评分标准	扣分	得分	备注
元件安装	1. 按照元件布置图布置元件 2. 正确固定元件	10	1. 不按布置图布置元件，扣10分 2. 元件安装不牢固，每处扣3分 3. 元件安装不整齐、不均匀、不合理，每处扣3分 4. 损坏元件，每处扣5分			
电路安装	1. 按图施工 2. 合理布线，做到美观 3. 规范走线，做到横平竖直，无交叉 4. 规范接线，无线头松动、反圈、压皮、露铜过长及损伤绝缘层 5. 正确编号	40	1. 不按接线图接线，扣40分 2. 布线不合理、不美观，每根扣3分 3. 走线不横平竖直，每根扣3分 4. 线头松动、反圈、压皮、露铜过长，每处扣3分 5. 损伤导线绝缘层或线芯，每根扣5分 6. 错编、漏编号，每处扣3分			

（续）

考核项目	考核要求	配分	评分标准	扣分	得分	备注
通电试车	按照要求和步骤正确调试电路	50	1. 主控电路配错熔管，每处扣10分 2. 整定电流调整错误，扣5分 3. 速度整定值调整错误，扣5分 4. 一次试车不成功，扣10分 5. 二次试车不成功，扣30分 6. 三次试车不成功，扣50分			
安全生产	自觉遵守安全文明生产规程		1. 漏接接地线，每处扣10分 2. 发生安全事故，扣20分			
时间		4h	提前正确完成，每5min加5分；超过定额时间，每5min扣2分			
开始时间			结束时间	实际时间		

七、拓展提高——全波整流能耗制动控制电路

全波整流能耗制动控制电路如图8-10所示，按下起动按钮SB1，KM1得电吸合，电动机运转；按下停止按钮，KM1失电释放，KM2得电吸合，电动机的定子绕组通入直流电，此时定子绕组产生一个恒定的磁场。转子由于惯性而旋转，产生的感应电流受电磁力的作用，其方向与转子转动方向相反，从而起到制动的效果，这种制动称为能耗制动。同时KT得电计时，延时时间到KM2失电释放，制动完毕。

图8-10中，直流电源由单相桥式整流器VC供给，TR为整流变压器，RP用来调节直流电流，从而调节制动强度，整流变压器一次侧与整流器的直流侧同时进行切换，有利于提高触点的使用寿命。

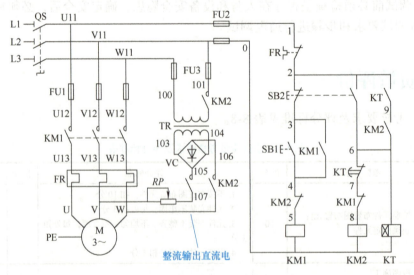

图8-10 全波整流能耗制动控制电路

八、素养加油站

追求极致

《春秋公羊传序》有曰："此二学者，圣人之极致，治世之要务也。"极致，是指达到最高

— 116 —

的程度、最高的造诣。当代工匠，应对技艺和品质有着"极致"的严苛要求，以生产精品为目标，不刻意追求当下利益，而是放眼长远，不断改进工艺，提高品质效能，力求能在业内长久地领先同行，造福于世。因此，追求极致就是追求"没有最好，只有更好"的过程，是精益求精的最高境界。

预警机是空中指挥所，是整个飞行队伍的"神经中枢"。而这"神经中枢"里最精密的一部分器件都是由手工焊接而成的，完成这项不可思议工作的正是中国电子科技集团的女技师潘玉华。潘玉华在军工精细焊接的岗位上已经奉献了20年的光阴，术业有专攻，她每天的工作强度和压力都很大，但为了让焊接工作更紧密，让手更稳，让心更静，她在追求极致的道路上越走越坚定。在她的心目中，完成极致的工作任务，除了执着于专注，没有任何捷径可走。

在工间休息的时候，潘玉华会带着徒弟们做投硬币的练习：往盛满水的水杯中，放入硬币，且不能让水溢出杯外。潘玉华的最高纪录是投入45枚硬币。这项练习的目的是锻炼观察力，训练手的平衡感。军工精细焊接中有一种叫作植柱的工艺，它要求焊接工在一枚一元硬币大小的电路板上，在没有任何机器辅助的情况下，全凭手感精准焊接多达1144根细小的铅柱，而潘玉华完成这项植柱工作只需耗时两个多小时，她追求极致的工艺水准可想而知。她的这一手绝活，也为卫星的研发提供了有力的保障，可谓极致的工艺映衬出极致的人生！

图8-11为潘玉华工作时的情景。

图8-11　潘玉华在工作中

习　题

一、填空题

1. 使电动机在切断电源停转的过程中，产生一个和电动机实际旋转方向_____的电磁转矩，迫使电动机迅速制动停转的方法称为电力制动。

2. 电力制动常用的方法有_____、_____、_____和_____等。

3. 反接制动是依靠改变电动机定子绕组的电源_____来产生制动转矩，迫使电动机迅速停转。

4. 在反接制动设施中，为保证电动机的转速被制动到接近_____时，能迅速切断电源，防止反向起动，常利用_____来自动地及时切断电源。

5. 反接制动适用于_____kW以下小容量电动机的制动，并且对_____kW以上的电动机进行反接制动时，需在定子绕组回路中串联_____，以限制反接制动电流。

二、选择题

1. JY1 型速度继电器是反映（　　）与转向的电器，主要用于 AC 50Hz 或 60Hz、额定工作电压至 500V 的控制电路中，常用来控制电动机反转或反接制动。

　　A. 转速　　　　B. 电流　　　　C. 电压

2. 速度继电器主要由转子、定子、支架、胶木摆杆和触点系统等组成。当速度继电器旋转至一定速度时，触点动作；当其转速减小到接近（　　）时，其触点复位。

　　A. 零　　　　B. 转速一半　　　　C. 1000r/min

3. 在电动机停车时，将其反接，施加反向转矩，而当转速接近零时，又必须停止反接控制，否则电动机将（　　）下去。

　　A. 停止　　　　B. 正转　　　　C. 反转

4. 按下起动按钮，电动机单向运转，速度继电器动作；按下停止按钮，电动机瞬间停车，实现了电动机单向运转反接制动控制。这种控制原则称为（　　）控制原则。

　　A. 速度　　　　B. 时间　　　　C. 电流

三、问答题

1. 如何检测、使用速度继电器？

2. 简述速度继电器的作用。

3. 简述速度继电器安装时的注意事项。

4. 简述单向运转反接制动控制电路的工作原理，若电路中的 KS 常闭触点损坏，会出现何种故障现象？

5. 如图 8-5 所示单向运转反接制动控制电路，接通电源后，发现按下停止按钮 SB2 后，KM1 失电释放，但 KM2 不吸合。试分析故障原因、确定可能的故障范围，并简述检查流程。

第2单元 常用机床控制电路的故障诊断

项目 9

CA6140 型卧式车床电气控制电路的故障诊断

一、学习目标

1）熟悉 CA6140 型卧式车床的主要结构及电气控制要求，知道它的主要运动形式。
2）会识读 CA6140 型卧式车床控制电路图，并能说出电路的动作顺序。
3）能正确操作 CA6140 型卧式车床，能初步诊断其电气控制电路的常见故障。
4）知道艺无止境的精神内涵，并融入生产实践中，争做艺无止境的时代工匠。

二、工作任务

在机械生产过程中，车床的应用非常普遍。车床是工厂企业中较为关键的设备，一旦故障停机，其影响和损失往往很大。某机械有限公司是一个从事机械零件加工的企业，加工车间刘师傅主要从事使用 CA6140 型卧式车床进行车加工的工作。图 9-1 所示为 CA6140 型卧式车床及车加工车间。最近刘师傅报修，说该车床主轴电动机不能正常起动、刀架快速移动电动机有时也不能起动，并初步排除了机械结构可能造成的故障。

图 9-1 CA6140 型卧式车床及车加工车间

CA6140 型卧式车床故障多种多样，故障原因一般都比较复杂，给车床的故障诊断和维修带来不少困难。电工维修班的王师傅收到报修单后，其工作任务是诊断 CA6140 型卧式车床主轴电动机不能正常起动、刀架快速移动电动机时常不能起动的原因，并排除故障，保障加工车间的正常生产。学习生产流程如图 9-2 所示。

项目9 CA6140型卧式车床电气控制电路的故障诊断

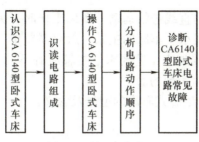

图9-2 学习生产流程

三、生产领料

按表9-1到电气设备仓库领取施工所需的工具、设备及材料。

表9-1 工具、设备及材料清单

序号	分类	名称	型号规格	数量	单位	备注
1	工具	常用电工工具		1	套	
2		万用表	MF47	1	只	

四、资讯收集

CA6140型卧式车床是一种应用极为广泛的金属切削机床，能够车削外圆、内圆、端面、螺纹、螺杆及车削定型表面。要想对机床电气控制线路的故障进行诊断，首先需要了解机床的主要结构和运动形式，熟悉各操作手柄、按钮的作用，并在此基础上能较熟练操作机床，掌握电路动作顺序，然后再运用正确的方法对故障进行分析、检测、排除。

1. 认识CA6140型卧式车床

（1）主要结构及运动形式　车床是使用最广泛的一种金属切削机床之一，主要用于加工各种回转表面（内外圆柱面、端面、圆锥面、成形回转面等），还可用于车削螺纹和孔加工。CA6140型卧式车床是我国自行设计制造的一种车床，与C620-1型车床比较，它具有性能优越、机构先进、操作方便和外形美观等特点。CA6140型卧式车床主要由床身、主轴箱、进给箱、溜板箱、刀架、丝杠、光杠及尾架等部分组成，如图9-3所示。

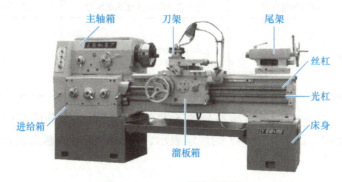

图9-3 CA6140型卧式车床

车床有两个主要的运动部分，一个是卡盘或顶尖带动工件的旋转运动，即车床的主轴运动;另一个是溜板箱带动刀架的直线进给运动。车床工作时,大部分功率消耗在主轴运动上,刀架的进给运动所消耗的功率很小。车床的主轴一般只需要单向旋转,只有加工螺纹退刀时,才通过机械方法实现反转。根据加工工艺要求,主轴应有不同的切削速度,其变速是由主轴电动机经V带传动到主轴变速箱实现的。

(2) 型号及含义　CA6140型卧式车床的型号及含义:

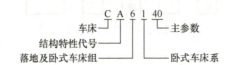

(3) 电力拖动特点及控制要求

1) 主轴电动机一般选用三相笼型异步电动机,采用机械方法进行调速与反转切换。

2) 在车削加工时,为防止刀具和工件温度过高,由冷却泵电动机提供切削液冷却。冷却泵电动机必须在主轴电动机起动后方可起动;主轴电动机停止时,冷却泵电动机必须同时停止。

3) 为提高工作效率,刀架可由快速移动电动机拖动,其移动方向由进给操作手柄配合机械装置实现。

4) 必须有过载、短路、欠电压、失电压保护。

5) 具有安全的局部照明装置。

2. 识读电路组成

(1) 机床电路图的基本知识　如图9-4所示,机床电气控制电路图包含的电气元件和符号较多,为了能正确识读机床电路图,除前面所学的识读原则外,还需掌握以下几点:

1) 电路图按功能分成若干图区,通常一条支路划为一个图区,并从左到右依次用阿拉伯数字编号,标注在图形下部的图区栏中。

2) 对于电路图中每条支路在机床电气操作中的用途,必须用文字标明在电路图上部的用途栏中。

3) 在电路图中,接触器线圈文字符号"KM"的下方画两条竖直线,分成左、中、右三栏,将受其控制而动作的触点所处的图区号按表9-2的规定表示,对没有使用的触点在相应的栏中用"×"标记或不标记任何符号。

表9-2　接触器线圈文字符号下方的数字标记

栏目	左栏	中栏	右栏
触点类型	主触点所处的图区号	辅助常开触点所处的图区号	辅助常闭触点所处的图区号
举例 KM 3　8　× 3　×　× 3	表示3对主触点均在图区3中	表示1对辅助常开触点在图区8,另1对未使用	表示2对辅助常闭触点均未使用

4) 在电路图中,继电器线圈文字符号的下方画一条竖直线,分成左、右两栏,将受其控制而动作的触点所处的图区号按表9-3的规定表示,对没有使用的触点在相应的栏中用"×"标记或不标记任何符号。

项目9 CA6140型卧式车床电气控制电路的故障诊断

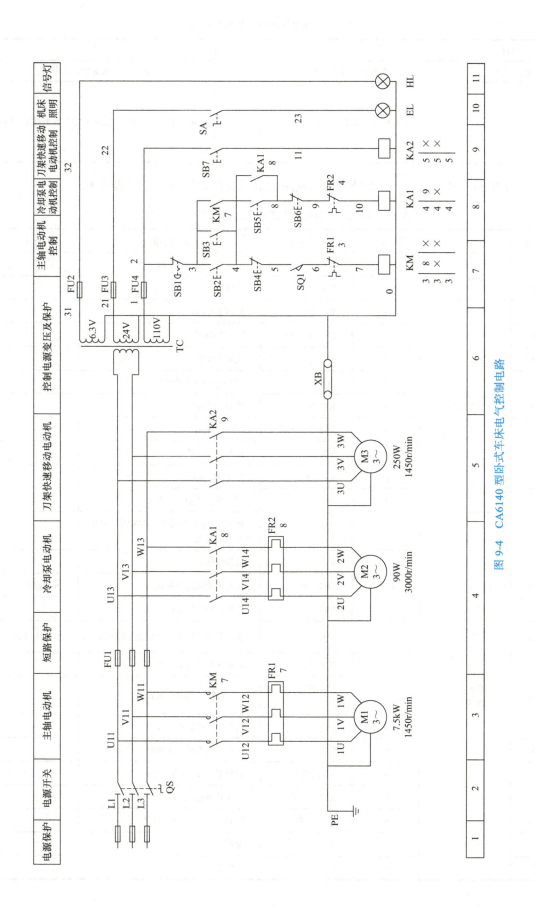

图 9-4 CA6140型卧式车床电气控制电路

表 9-3 继电器线圈下的数字标记

栏目	左栏	中栏
触点类型	常开触点所处的图区号	常闭触点所处的图区号
举例 KA1 4｜9 4｜× 4	表示 3 对常开触点均在图区 4 中	表示 1 对常闭触点在图区 9 中，另 1 对未使用

（2）电路组成　CA6140 型卧式车床电路的组成及各元件的功能见表 9-4。

表 9-4　CA6140 型卧式车床电路的组成及各元件的功能

序号	电路名称	参考区位	电路组成	元件功能	备注
1	电源电路	1	FU	主轴电动机 M1 短路保护	
2		2	QS	电源开关	
3	主电路	3	KM 主触点	控制 M1 运转	
4		3	FR1 驱动元件	M1 过载保护	
5		3	M1	主轴电动机	
6		4	FU1	M2 和 M3 短路保护	
7		4	KA1 常开	控制 M2 运转	
8		4	FR2 驱动元件	M2 过载保护	
9		4	M2	冷却泵电动机	
10		5	KA2 常开	控制 M3 运转	
11		5	M3	刀架快速移动电动机	
12	控制电路、照明电路	6	TC	输出 110V 控制电压、24V 照明电压、6.3V 信号灯电压	
13		7	SB1	急停按钮	
14		7、8	SB2、SB3	主轴电动机起动按钮	异地控制
15		7	SB4	主轴电动机停止按钮	
16		7	SQ1	安全保护（打开带罩后使主轴不得电）	SQ1 由带罩压合
17		7	KM 线圈	控制 KM 的吸合与释放	
18		8	KM 辅助常开触点	KM 自锁、顺序控制 KA1	
19		8	SB5	冷却泵电动机起动按钮	
20		8	SB6	冷却泵电动机停止按钮	
21		8	KA1 线圈	控制 KA1 的吸合与释放	
22		9	SB7	刀架快速移动按钮	
23		9	KA2 线圈	控制 KA2 的吸合与释放	
24		10	SA	照明开关	
25		10	EL	照明灯	

项目 9　CA6140 型卧式车床电气控制电路的故障诊断

五、作业指导

1. 操作 CA6140 型卧式车床并分析电路动作顺序

（1）开机前的准备　如图 9-5 所示，合上电源开关 QS 后指示灯点亮，再合上机床照明开关 SA，照明灯 EL 点亮。各操作手柄置于合理位置后方可进行后续操作。

图 9-5　CA6140 型卧式车床的电源开关

（2）主轴电动机的控制

1）起动主轴电动机，观察其运行情况。按表 9-5 逐项操作，观察主轴电动机 M1 和电气控制箱内部电气元件的动作情况，并做好记录。部分操作按钮的面板如图 9-6 所示，电气控制箱内部电气元件的布置如图 9-7 所示。

表 9-5　主轴电动机 M1 的运行情况记录表

序号	操作内容	观察内容	正常结果	观察结果
1	按下 SB2 或 SB3	KM	吸合	
		主轴电动机 M1	运转	
2	按下 SB4 或 SB1	KM	释放	
		主轴电动机 M1	停转	

注：SB1 不能自动复位，需手动复位后方可再次起动。

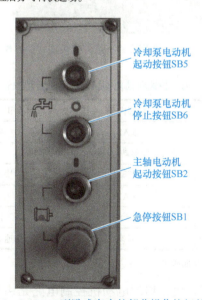

图 9-6　CA6140 型卧式车床的部分操作按钮的面板

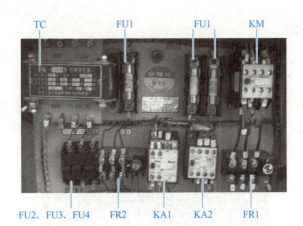

图 9-7 CA6140 型卧式车床的电气控制箱内部电气元件布置

2）分析电路动作顺序。正常工作时（不打开带罩），SQ1 处于压合状态。

① 起动：按下 SB2 或 SB3（7 区、8 区）→KM 线圈得电吸合且自锁→KM 主触点吸合→主轴电动机 M1 得电运转。

② 停止：按下 SB4 或 SB1（7 区）→KM 线圈失电（7 区）→KM 主触点断开（3 区）→主轴电动机 M1 失电停转。

（3）刀架快速移动电动机的控制

1）起动刀架快速移动电动机，观察其运行情况。CA6140 型卧式车床刀架快速移动操作手柄如图 9-8 所示，起动按钮 SB7 安装在其顶端。使进给操作手柄处于合理位置后，按表 9-6 操作，观察刀架和电气控制箱内部电气元件的动作情况，并记录观察结果。

图 9-8 CA6140 型卧式车床刀架快速移动操作手柄

表 9-6 刀架快速移动电动机 M3 的运行情况记录表

序号	操作内容	观察内容	正常结果	观察结果
1	按下 SB7	KA2	吸合	
		刀架快速移动电动机 M3	运转	
		刀架	快速移动	
2	松开 SB7	KA2	释放	
		刀架快速移动电动机 M3	停转	
		刀架	快速移动停止	

注：刀架快速移动时不能撞上车床的其他部件。

2）分析电路动作顺序。刀架快速移动电动机控制电路是由装在快速移动操作手柄顶端的按钮 SB7（9 区）与 KA2（9 区）组成的点动控制电路。按下 SB7（9 区），刀架快速移动；松开 SB7（9 区），刀架停止移动。刀架的移动方向由进给操作手柄配合机械装置控制。

（4）冷却泵电动机的控制

1）起动冷却泵电动机，观察其运行情况。主轴电动机起动后按表 9-7 操作，观察冷却泵电动机和电气元件的工作情况，并记录观察结果。

表 9-7　冷却泵电动机 M2 的运行情况记录表

序号	操作内容	观察内容	正常结果	观察结果
1	按下 SB5	KA1	吸合	
		冷却泵电动机 M2	运转	
		切削液管	有切削液流出	
2	按下 SB6	KA1	释放	
		冷却泵电动机 M2	停转	
		切削液管	切削液流出停止	

2）分析电路动作顺序。主轴电动机 M1 和冷却泵电动机 M2 在控制电路中采用了顺序控制，所以只有在主轴电动机起动后，按下 SB5（8 区）时，冷却泵电动机才得电运转；当按下 SB6（8 区）或主轴电动机停止（8 区 KM 辅助常开触点复位）后，冷却泵电动机失电停转。

2. 诊断 CA6140 型卧式车床电路常见故障

当机床出现故障后，应能快速、准确地找到故障所在。在学习过程中，首先由教师设置人为故障，在知道故障点的情况下观察各种故障现象，然后在不知道故障点的情况下，根据故障现象进行诊断，逐步完成任务。

（1）主轴电动机不能正常起动

1）观察故障现象。教师设置故障点，组织学生操作观察。按表 9-8 逐一观察故障现象，并记录观察结果。

表 9-8　主轴电动机不能正常起动的故障观察表

序号	故障点	观察现象			
		照明灯	指示灯	主轴电动机	电气控制箱内部
1	KM 主触点损坏	点亮	点亮	不能运转	KM 吸合
2	FU4 开路				接触器 KM 不吸合
3	KM 线圈损坏				
4	KM 线圈的 0 号线脱落				

2）分析故障现象。根据上述故障点及故障现象，可以分析出主轴电动机不能正常起动的故障原因如下：

主电路：三相电源中的 U11、V11、W11、KM 主触点、FR1 驱动元件、1U、1V、1W 断线或接线松脱以及损坏等。

控制电路：TC、FU4、SB1、SB2、SB4、SQ1、KM 线圈、FR1 常闭触点、1 号线、2 号线、3 号线、4 号线、5 号线、6 号线、7 号线、0 号线断线或接线松脱以及损坏等。

3）诊断故障。教师设置故障，学生分组诊断故障。以表 9-8 中的故障点 4 为例，其诊断流程如图 9-9 所示。

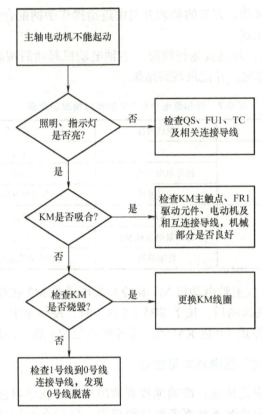

图 9-9　表 9-8 中故障点 4 的故障诊断流程图

（2）刀架快速移动电动机不能起动

1）观察故障现象。以只有刀架快速移动电动机不能起动为例，按表 9-9 观察故障现象，并分析故障原因。

表 9-9　刀架快速移动电动机 M3 不能起动的故障观察表

序号	故障点	观察现象	
		刀架快速移动电动机	电气控制箱内部
1	SB7 开路	不能起动	KA2 不吸合
2	KA2 线圈开路	不能起动	KA2 不吸合
3	KA2 常开触点损坏	不能起动	KA2 吸合
4	KA2 线圈的 0 号线脱落	无声音	KA2 不吸合

2）分析故障现象。根据上述故障点及故障现象，可以分析出造成刀架快速移动电动机 M3 不能起动的故障原因如下：

主电路：三相电源中的 U13、V13、W13、KA2 常开触点、3U、3V、3W、电动机 M3 断线或接线松脱以及损坏等。

控制电路：2 号线、SB7、11 号线、KA2 线圈、0 号线断线或接线松脱以及损坏等。

3）诊断故障。教师设置故障，学生分组诊断故障。以表 9-9 中的故障点 1 为例，其诊断流程如图 9-10 所示。

项目9　CA6140型卧式车床电气控制电路的故障诊断

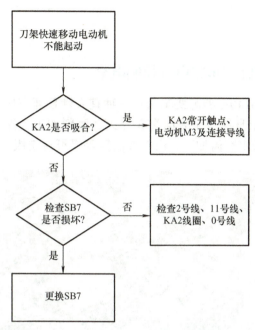

图 9-10　表 9-9 中故障点 1 的故障诊断流程图

3. 操作要点

1）按步骤正确操作 CA6140 型卧式车床，确保设备及人身安全。
2）注意观察 CA6140 型卧式车床电气元件的安装位置和走线情况。
3）严禁扩大故障范围或造成新的故障，不得损坏电气元件或设备。
4）停电后要验电，带电检修时必须由指导教师现场监护，以确保用电安全。

六、质量评价

机床故障诊断评价标准见表 9-10。

表 9-10　机床故障诊断评价标准

项目内容	配分	评分标准	扣分	得分
故障现象	10	不能熟练操作机床，扣 5 分		
		不能确定故障现象，提示一次扣 5 分		
故障范围	20	不会分析故障范围，提示一次扣 5 分		
		故障范围错误，每处扣 5 分		
故障检测	40	停电不验电，扣 5 分		
		工具和仪表使用不当，每次扣 5 分		
		检测方法、步骤错误，每次扣 5 分		
		不会检测，提示一次扣 5 分		
故障修复	30	不能查出故障点，提示一次扣 10 分		
		查出故障点但不会排除，扣 10 分		
		造成新的故障或扩大故障范围，扣 30 分		
安全文明生产		违反安全文明生产操作规程，扣 5～50 分		
定额时间 30min		不允许超时检查，修复过程中允许超时，每超时 5min 扣 5 分		
开始时间			结束时间	

七、拓展提高

（一）CDE6140A 型卧式车床电气控制电路

如图 9-11 所示，CDE6140A 型卧式车床是一种宜人性普通车床，外观采用流行的直角平面造型，前后腿宽大。其床身经过了表面高频淬火、磨削加工，淬火硬度为 G50。床头箱齿轮经过了齿部高频淬火、精密磨齿加工，齿轮准确度等级可达 7 级。

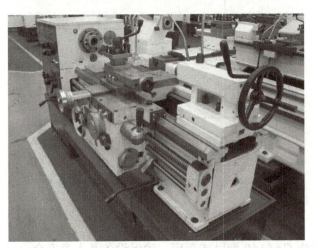

图 9-11　CDE6140A 型卧式车床

CDE6140A 型卧式车床可进行车削零件的外圆、内孔和端面，可进行钻孔、铰孔和拉油槽，并可加工各种公制、英制、模数、径节螺纹，对特殊定制还可加工周节螺纹，特别适合于小批量生产的加工车间和机械修理车间使用。

1. 主要结构及运动形式

CDE6140A 型卧式车床主要由主轴箱、进给箱、溜板箱、刀架、丝杠与光杠、床身、尾座等部分组成，其运动形式有切削运动和辅助运动，切削运动包括工件的旋转运动（主运动）和刀具的直线进给运动（进给运动），除此之外的其他运动皆为辅助运动。

为了满足调速要求，主轴电动机只用机械调速，不进行电气调速。冷却泵电动机要求必须主轴电动机起动后方可起动，主轴电动机停止时冷却泵电动机也停止。刀架快速移动电动机拖动刀架，其移动方向由进给操作手柄配合机械装置实现。

2. 电路组成及其动作顺序

（1）电路组成　CDE6140A 型卧式车床电气控制电路图如图 9-12 所示，电路的组成及各元件的功能见表 9-11。

（2）动作顺序

1）主轴电动机的控制。正常工作时（不打开带罩）SQ1 处于压合状态。

①起动：按下 SB3（8 区）→KM1 线圈（8 区）得电吸合→KM1 主触点（2 区）闭合，KM1 常开辅助触点（7 区）闭合自锁→主轴电动机 M1 得电运转。

②停止：按下 SB4（9 区）或 SB5（8 区）→KM1 线圈（8 区）失电释放→KM1 主触点（2 区）断开→主轴电动机 M1 失电停转。

项目 9 CA6140 型卧式车床电气控制电路的故障诊断

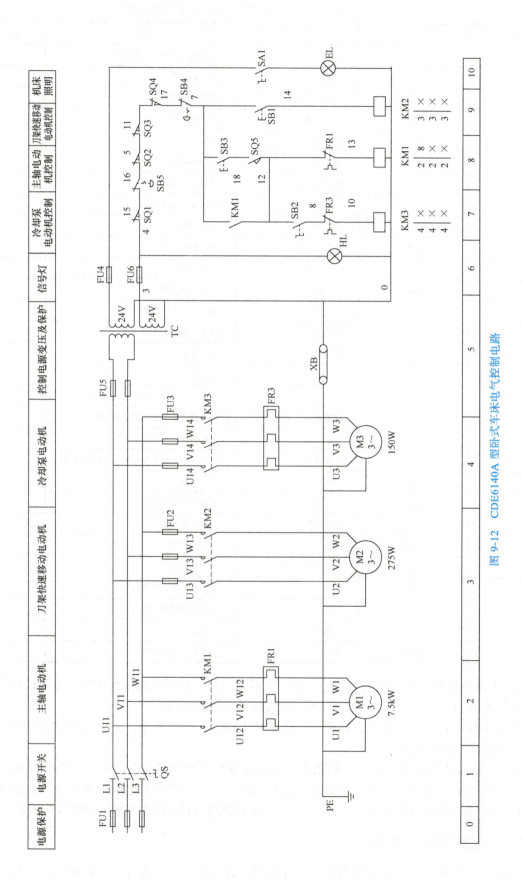

图 9-12 CDE6140A 型卧式车床电气控制电路

表 9-11　CDE6140A 型卧式车床电路的组成及各元件的功能

序号	元件符号	元件名称	元件功能	备注
1	FU1	熔断器	主轴电动机 M1 短路保护	
2	QS	隔离开关	电源总开关	
3	KM1	交流接触器	控制 M1 运转	
4	FR1	热继电器	M1 过载保护	
5	M1	电动机	主轴电动机	
6	FU2	熔断器	M2 短路保护	
7	KM2	交流接触器	控制 M2 运转	
8	M2	电动机	快速移动电动机	
9	FU3	熔断器	M3 短路保护	
10	KM3	交流接触器	控制 M3 运转	
11	FR3	热继电器	M3 过载保护	
12	M3	电动机	冷却泵电动机	
13	FU5	熔断器	变压器一次侧短路保护	
14	FU4	熔断器	照明电路短路保护	
15	SA1	转换开关	照明开关	
16	EL	照明灯	机床照明	
17	TC	变压器	输出 24V 控制电压、24V 照明电压	
18	FU6	熔断器	变压器二次侧控制电路短路保护	
19	HL	指示灯	白色指示灯	
20	SQ1	带罩开关	带罩开关（打开带罩后使主轴不得电）	
21	SB5	按钮	急停按钮	
22	SQ2	行程开关	电柜开门断电开关	
23	SQ3	行程开关	卡盘保护开关	
24	SB2	按钮	冷却泵按钮	
25	SQ4	行程开关	刀架防护开关	
26	SB4	按钮	主轴电动机急停按钮	
27	SB3	按钮	主轴电动机起动按钮	
28	SQ5	行程开关	中间位置开关	
29	SB1	按钮	刀架快速移动按钮	

2）刀架快速移动电动机的控制。刀架快速移动电动机控制电路是由装在快速移动操作手柄顶端的按钮 SB1（9 区）与 KM2（9 区）组成的点动控制电路。

按下 SB1（9 区），刀架快速移动；松开 SB1（9 区），刀架停止。刀架的移动方向由进给操作手柄配合机械装置实现。

3）冷却泵电动机的控制。主轴电动机 M1 和冷却泵电动机 M3 在控制电路中采用了顺序控制，所以只有在主轴电动机起动后，合上 SB2（7 区），冷却泵电动机得电运转；当断开 SB2（7 区）或主轴电动机停止（7 区 KM1 辅助常开触点复位）后冷却泵电动机失电停转。

（二）机床电气设备的日常维护保养

机床电气设备在运行中难免会发生各种故障，轻者使机床工作停止，影响生产，重者造成事故。出现故障后能迅速排除很重要，但更重要的要加强日常维护检修，消除隐患，防止故障发生。

机床电气设备的日常维护包括电动机和控制设备的日常维护保养。

（1）电动机的日常维护保养

1）电动机应保持清洁，进出风口必须保持通畅，不容许油污、水滴或金属屑等杂物掉入电动机内部。

2）在正常运行时，用钳形电流表检查电动机的负载电流是否正常，同时查看三相电流是否平衡。

3）经常检查电动机的振动、噪声、气味是否正常，当有异常气味、冒烟、起动困难等现象时，立即停车检修。

4）定期用绝缘电阻表检查绝缘电阻（对工作在潮湿、多尘及含有腐蚀气体等环境条件下的电动机，更应该经常检查）。三相380V的电动机及各种低压电动机，其绝缘电阻至少为0.5MΩ方可使用；高压电动机定子绕组绝缘电阻为1MΩ/kV，转子绝缘电阻至少为0.5MΩ方可使用。若发现绝缘电阻达不到规定要求时，应采取相应的措施处理，符合要求后才能使用。

5）经常检查电动机的接地装置，使其保持牢固可靠。

6）经常检查电动机的温升是否正常。

7）检查电动机的引出线是否绝缘良好、连接可靠。

（2）控制设备的日常维护保养

1）电气控制箱的门、盖、锁及门框周围的耐油密封垫均应良好。门、盖应关闭严密，里面应保持清洁，无水滴、油污和金属屑进入电气控制箱内，以免损坏电气设备而造成事故。

2）操纵台上的所有操纵按钮、手柄都应保持清洁、完好。

3）检查接触器、继电器等电器的触点系统吸合是否良好，有无噪声、卡死或迟滞现象，触点接触面有无毛刺或穴坑；电磁线圈是否过热；各种弹簧弹力是否适当；灭弧装置是否完好等。

4）检查试验位置开关是否起作用。

5）检查各电器的整定值是否符合要求。

6）检查各电路接头是否连接牢靠，各部件之间的连接导线、电缆或穿线的软管不得被切削液、油污等腐蚀。

7）检查电气控制箱及导线通道的散热情况是否良好。

8）检查各类指示信号装置和照明装置是否完好。

（3）电气设备的维护保养周期

对电气设备一般不进行开门监护，主要靠定期的维护保养实现电气设备较长时间的安全稳定运行。一般在工业机械一、二级保养的同时进行电气设备的维护保养工作。

1）配合工业机械一级保养进行电气设备的维护保养工作。金属切削类机床一级保养一般一季度进行一次。这时，对机床电气柜的电气元件主要进行如下维护保养：

① 修复或更换即将损坏的电气元件。

② 清扫电气柜内的积尘异物。

③ 整理内部接线，使之整齐美观，平时应急修理的改动处恢复成正常状态。

④ 紧固接线端子和电气元件的接线螺钉，使所有接线头牢固可靠；紧固熔断器的可动部分，使之接触良好。

⑤ 对电动机进行小修和中修检查。

⑥ 通电试车，使电气元件的动作顺序正确可靠。

2）配合工业机械二级保养进行电气设备的维护保养工作。金属切削类机床二级保养一般一年进行一次。这时，对机床电气柜内的电气元件主要进行如下维护保养：

① 一级保养时的各项维护保养工作。

② 着重检查动作频繁且电流较大的接触器、继电器触点。触点严重磨损时应更换新触点。

③ 检修有明显噪声的接触器和继电器，对其进行修复或更换。

④ 校验热继电器，看其能否正常工作。

⑤ 校验时间继电器，使其延时时间及精度符合要求。

八、素养加油站

艺无止境

艺无止境，意思即一门学问，一种技艺，应当不断提高，精益求精，不会有精熟到头的时候。生产实践就是工匠的课堂，杰出的工匠总是努力钻研，提高技艺，给予自己更高的目标和更为强劲的动力，在艺海的波涛中劈波斩浪，扬帆远行。

2011 年，谭亮从电气自动化技术专业毕业，来到广东一家公司工作。初到单位，好学的谭亮跟着师傅虚心学习，他"白手起家"，深知自当刻苦努力。工作中，他一边研究设备，一边细心观察师傅的操作，不懂就问，绝不滥竽充数。有一次下班后，公司一厂涂布机突发烘箱温度不稳定状况，故障涂布机有近 30 个发热管和温控表工作异常，谭亮听闻，顾不上吃饭，赶紧返回岗位，逐个检查发热管，查看各温控表参数，一直忙到凌晨 3 点才把问题全部解决。十年来，他坚守一线，勤学苦练电气设备故障处理技术，从一名普通大专生淬炼成为公司的电气"金牌大夫"。图 9-13 为谭亮在检修设备。

图 9-13　谭亮在检修设备

为解决生产线产能不足问题，谭亮主动研发半自动注液机、半自动封装机、半自动测短路机，独立设计电气图样，安装电气线路，调试机械动作，编写 PLC 程序，开发人机界面。经过生产和工艺人员验证，设备达到了设计要求，生产产品符合工艺、品质要求，大大减轻了公司产能不足的压力。谭亮没有停下脚步，他继续钻研，不断解决技术难题，公司二厂装配车间的焊接机、包装机、注液机，制片车间的分条机，都在他的优化测试和系统改造下提升了效率，这些举措给公司创造了丰厚的效益。

在追求梦想的路上，谭亮永不停歇，越战越勇，艺无止境，终成传奇。

习　题

一、填空题

1. CA6140 型卧式车床共有三台电动机，它们分别是_____、_____和_____。

2. CA6140 型卧式车床的主轴电动机没有反转控制，主轴的反转靠_____实现。

项目9　CA6140型卧式车床电气控制电路的故障诊断

3. 主轴电动机M1和冷却泵电动机M2在控制电路中实现_____控制，即只有_____起动运转后，_____才能起动运转。
4. 刀架快速移动电动机M3采用的是_____控制，刀架移动方向的改变是由_____控制的。
5. 当电气设备发生故障后，切忌盲目随便动手检修。在检修前，通过_____、_____、_____、_____闻来了解故障前后的操作情况和故障发生后出现的异常现象，以便根据故障现象判断出故障发生的部位，进而准确地排除故障。

二、判断题

1. CA6140型卧式车床主轴的正反转是由主轴电动机M1的正反转来实现的。　　（　　）
2. 只要加强对电气设备的日常维护和保养，就可以杜绝电气事故的发生。　　（　　）
3. 短接法既适用于检查控制电路的故障，也适用于检查主电路的故障。　　（　　）
4. 在操作CA6140型卧式车床时，接下起动按钮SB2、发现接触器KM得电动作：但主轴电动机M1不能起动，则故障原因可能是热继电器FR1动作后未复位。　　（　　）
5. CA6140型卧式车床的主轴电动机M1因过载而停转，热继电器FR1是否复位，对冷却泵电动机M2和刀架快速移动电动机M3的运转无任何影响。　　（　　）

三、选择题

1. CA6140型卧式车床主轴的调速采用（　　）。
　A. 电气调速
　B. 齿轮箱进行机械有级调速
　C. 机械与电气配合调速
2. 按下起动按钮后，CA6140型卧式车床的主轴电动机M1起动后不能自锁，则故障原因可能是（　　）。
　A. 接触器KM的自锁触点接触不良
　B. 接触器KM主触点接触不良
　C. 热继电器FR动作
3. CA6140型车床主轴电动机的过载保护由（　　）完成。
　A. 接触器自锁环节　　　　　　　　B. 电源开关QS
　C. 热继电器FR1
4. CA6140型车床的主轴电动机选用（　　）。
　A. 直流电动机　　　　　　　　　　B. 三相笼型异步电动机
　C. 三相绕线转子异步电动机
5. 由于导线绝缘老化而造成的设备故障属于（　　）。
　A. 自然故障　　B. 人为故障　　C. 无法确定

四、问答题

1. 若CA6140型卧式车床的主轴电动机M1只能点动，试分析可能的故障原因是什么？在此情况下冷却泵能否正常工作？
2. 为何CA6140型卧式车床的主轴电动机用交流接触器控制，而另外两台电动机用中间继电器控制？
3. CA6140型卧式车床电路中SQ1的作用是什么？
4. 简述CA6140型卧式车床主轴电动机与冷却泵电动机的电气控制关系。

项目 10

Z3050型摇臂钻床电气控制电路的故障诊断

项目10

一、学习目标

1）熟悉 Z3050 型摇臂钻床的主要结构及电气控制要求，知道它的主要运动形式。
2）会正确识读 Z3050 型摇臂钻床控制电路图，并能说出电路的动作顺序。
3）能正确操作 Z3050 型摇臂钻床，能初步诊断电气控制电路的常见故障。
4）知道推陈出新的精神内涵，并融入生产实践中，争做推陈出新的工匠。

二、工作任务

某设备有限公司是一家从事包装机电设备生产的企业。设备生产中有冲、车、铣、钻、磨、镗等加工流程，其中机加工车间陆师傅从事 Z3050 型摇臂钻床的钻孔工作。最近陆师傅报修，他操作的钻床主轴电动机不能起动，并初步排除了机械结构引起故障的可能。

图10-1 Z3050型摇臂钻床及机加工车间

电工维修班的王师傅收到报修单后，其工作任务就是操作 Z3050 型摇臂钻床，诊断并排除电气控制电路的故障，保障机加工车间的正常生产。学习生产流程如图10-2所示。

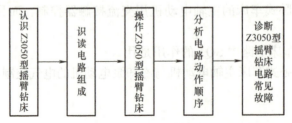

图10-2 学习生产流程

— 136 —

三、生产领料

按表 10-1 到电气设备仓库领取施工所需的工具、设备及材料。

表 10-1　工具、设备及材料清单

序号	分类	名称	型号规格	数量	单位	备注
1	工具	常用电工工具		1	套	
2		万用表	MF47	1	只	

四、资讯收集

Z3050 型摇臂钻床是一种精密加工机床，主要用于加工单件或批量生产中带有多个孔的零件，可对工件进行钻孔、扩孔、铰孔、镗孔和攻螺纹等加工。

1. 认识 Z3050 型摇臂钻床

（1）主要结构及运动形式　Z3050 型摇臂钻床主要由底座、工作台、主轴、摇臂、摇臂升降丝杠、主轴箱、内立柱、外立柱等组成，如图 10-3 所示。

Z3050 型摇臂钻床内立柱固定在底座上，在它的外面套着空心的外立柱，外立柱可绕着不动的内立柱回转 360°。摇臂一端的套筒部分与外立柱滑动配合，借助升降丝杠沿外立柱上下移动，还可绕立柱回转、升降。主轴箱安装在摇臂上，可以通过手轮操作使它沿摇臂水平导轨移动。

如图 10-4 所示，Z3050 型摇臂钻床的主运动是主轴带动钻头做旋转运动，进给运动是钻头的上下运动，辅助运动是主轴箱沿摇臂水平移动，摇臂沿外立柱上下移动，摇臂连同外立柱一起相对于内立柱回转运动。通过主轴箱内的主轴、进给变速传动机构及正反转摩擦离合器和操纵手柄、手轮，可以实现主轴的正反转、进给、变速、空档及停车等控制。Z3050 型摇臂钻床对主轴箱、摇臂及内、外立柱的夹紧由液压泵电动机提供动力，采用液压驱动的菱形块夹紧机构。

图 10-3　Z3050 型摇臂钻床

图 10-4　Z3050 型摇臂钻床运动形式示意图

（2）型号及含义　Z3050 型摇臂钻床的型号及含义：

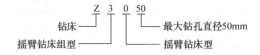

（3）电力拖动的特点及控制要求　Z3050型摇臂钻床共有四台电动机，主轴电动机M1只需正转控制，摇臂升降电动机M2和液压泵电动机M3都有正反两个旋转方向，冷却泵电动机M4只需正转控制。其中M4的容量较小且短时工作，用组合开关QS2手动控制。

2. 识读电路组成

Z3050型摇臂钻床的电气控制电路图如图10-5所示，电路的组成及各元件的功能见表10-2。

表10-2　Z3050型摇臂钻床电路的组成及各元件的功能

序号	电路名称	参考区位	电路组成	元件功能	备注
1	电源电路	1	QS1	电源开关	
2		1	FU1	电源总短路保护	
3	主电路（读图时确定电路区位后，从上到下逐一认识电路元件）	2	QS2	控制冷却泵电动机M4	
4		2	M4	冷却泵电动机	
5		3	KM1主触点	控制主轴电动机M1正转	
6		3	FR1驱动元件	主轴电动机M1过载保护	
7		3	M1	主轴电动机	
8		3	FU2	短路保护	
9		4	KM2主触点	控制摇臂电动机M2正转	
10		5	KM3主触点	控制摇臂电动机M2反转	
11		4	M2	摇臂电动机	
12		6	KM4主触点	控制液压泵电动机M3正转	
13		7	KM5主触点	控制液压泵电动机M3反转	
14		6	FR2驱动元件	液压泵电动机M4过载保护	
15		6	M3	液压泵电动机	
16	控制电路	8	TC	控制、指示、照明等电源供电	
17		9	FU3	照明短路保护	
18		2	EL	工作照明	
19		9～11	HL1、HL2、HL3	夹紧、放松、主轴指示灯	
20		13	SB1	主轴电动机M1停止按钮	
21		13	SB2	主轴电动机M1起动按钮	
22		14	SB3	摇臂上升按钮	
23		15	SB4	摇臂下降按钮	
24		17	SB5	液压泵电动机M3放松按钮	
25		18	SB6	液压泵电动机M3夹紧按钮	
26		14、15	SQ1	摇臂升降极限保护组合开关，上下限位	
27		15	SQ2	摇臂放松限位开关	
28		19	SQ3	摇臂夹紧限位开关	
29		9、10	SQ4	控制夹紧、放松指示灯点亮和熄灭	
30		14	KT	摇臂升降时，KT（19区）接通，YA吸合；摇臂升降到位延时1～3s后，KT（18区）接通，KM5得电	
31		19	YA	夹紧、放松电磁铁	
32		13～19	KM1、KM2、KM3、KM4、KM5	主轴、摇臂、液压电动机控制	

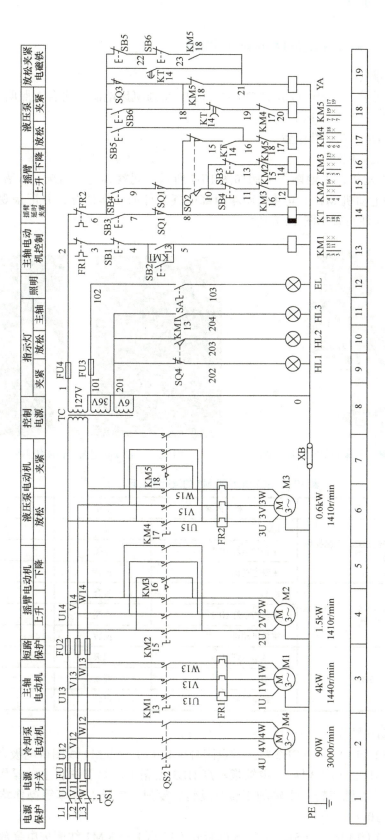

图 10-5 Z3050 型摇臂钻床电气控制电路

五、作业指导

1. 操作 Z3050 型摇臂钻床并分析电路动作顺序

（1）开车前的准备

1）如图 10-6 所示，合上电源开关 QS1（1 区），接通机床电源。再合上照明开关 SA（12 区），局部工作照明灯 EL（12 区）点亮。

2）检查各手柄是否在正常位置。

（2）主轴电动机的控制

1）起动主轴电动机，主轴操作手柄如图 10-7 所示，观察其运行情况。按表 10-3 逐项操作，认真观察主轴电动机 M1 和电气控制箱内部电气元件的动作情况，并记录观察结果。电气控制箱内部电气元件布置如图 10-8 所示。

图 10-6　Z3050 型摇臂钻床开车前准备示意图　　图 10-7　Z3050 型摇臂钻床的主轴操作手柄

表 10-3　主轴电动机 M1 的运行情况记录表

序号	操作内容	观察内容	正常结果	观察结果
1	按下起动按钮 SB2，主轴操纵手柄旋至"正转"挡	KM1	吸合	
		主轴指示灯 HL3	点亮	
		主轴电动机	正转	
2	按下起动按钮 SB2，主轴操纵手柄旋至"反转"挡	KM1	吸合	
		主轴指示灯 HL3	点亮	
		主轴电动机	反转	
3	按下停止按钮 SB1	主轴指示灯 HL3	熄灭	
		KM1	释放	
		主轴电动机	停转	

2）分析电路动作顺序。

起动：按下 SB2（13 区）→ SB2 常开触点闭合（13 区）→ KM1 线圈得电吸合并自锁（13 区）→ 主轴电动机 M1 起动（3 区），主轴指示灯 HL3 点亮（11 区）→将主轴操作手柄置"正转"位置→ M1 带动主轴正转（主轴的正转、反转、变速、空挡、停车等操作均由主轴操作手柄来控制，见图 10-7）。

停止：按下 SB1（13 区）→ SB1 常闭触点断开（13 区）→ KM1 线圈失电释放（13 区）→ 主轴电动机 M1 停转（3 区），主轴指示灯 HL3 熄灭（11 区）。

（3）摇臂升降的控制

1）摇臂升降操作按钮如图10-9所示。起动摇臂上升，观察其运行情况。按表10-4操作，观察摇臂和电气控制箱内部电气元件的动作情况，并记录观察结果。

a）按下上升按钮

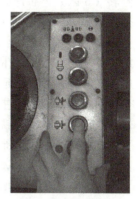

b）按下下降按钮

图10-8　Z3050型摇臂钻床电气控制箱内部电气元件布置　　图10-9　Z3050型摇臂钻床摇臂升降的起动操作示意图

表10-4　摇臂上升情况记录表

序号	操作内容	观察内容	正常结果	观察结果
1	按下上升按钮SB3	KT	吸合	
		KM4	吸合	
		YA	吸合	
		液压泵电动机M3	正转	
		摇臂运动情况	放松（摇臂放松后压SQ2）	
		KM4	释放	
		液压泵电动机M3	停转	
		KM2	吸合	
		摇臂电动机M2	正转	
		摇臂运动情况	上升	
2	松开上升按钮SB3	KM2	释放	
		摇臂电动机M2	停转	
		摇臂	停止上升	
		KT	失电1～3s后	
		KM5	吸合	
		液压泵电动机M3	反转	
		摇臂运动情况	夹紧（摇臂夹紧后压SQ3）	
		YA	释放	
		KM5	释放	
		液压泵M3	停转	

2）分析电路动作顺序。

摇臂上升过程的动作顺序分三步：摇臂放松→摇臂上升→摇臂夹紧。

摇臂放松：按下SB3（14区）→SB3常闭触点断开（16区）、SB3常开触点闭合（14区）→

KT时间继电器得电吸合（14区）→KT瞬时触点闭合（17区）、KT瞬时闭合延时断开常开触点闭合（19区）→KM4线圈得电吸合（17区）、YA电磁铁得电吸合（19区）→液压泵电动机M3正转（6区）→摇臂放松，摇臂放松过程中弹簧片压合位置开关SQ2动作。

摇臂上升：SQ2（17区）常闭触点断开→KM4线圈失电释放（17区）→液压泵电动机M3停转（6区）→摇臂放松停止；SQ2（15区）常开触点闭合→KM2线圈得电吸合（15区）→摇臂电动机M2正转（4区）→摇臂上升。

摇臂夹紧：当摇臂上升到预定位置时，松开SB3（14区）→KT时间继电器线圈失电释放（14区）、KM2线圈失电释放（15区）→摇臂电动机M2停转（4区）→摇臂停止上升→KT时间继电器断电延时1～3s后→KT延时闭合常闭触点闭合（18区）→KM5线圈得电吸合（18区）→KM5主触点闭合（7区）、KM5常开触点闭合（19区）→液压泵电动机M3反转（6区）、YA电磁铁继续得电吸合（19区）→摇臂到达预定位置开始夹紧→弹簧片压合位置开关SQ3常闭触点断开（19区）→KM5线圈失电释放（18区）→YA电磁铁失电释放（19区）、液压泵电动机M3停转（6区）→摇臂夹紧。

摇臂下降过程的动作顺序也分三步：摇臂放松→摇臂下降→摇臂夹紧。

摇臂放松：按下SB4（15区）→SB4常闭触点断开（15区）、SB4常开触点闭合（15区）→KT时间继电器得电吸合（14区）→KT瞬时触点闭合（17区）、KT延时断开常开触点闭合（19区）、KT延时闭合常闭触点断开（18区）→KM4线圈得电吸合（17区）、YA电磁铁得电吸合（19区）→液压泵电动机M3正转（6区）→摇臂放松，摇臂放松过程中弹簧片压合位置开关SQ2动作。

摇臂下降：SQ2常闭触点断开（17区）→KM4线圈失电释放（17区）→液压泵电动机M3停转（6区）→摇臂放松停止；SQ2常开触点闭合（15区）→KM3线圈得电吸合（16区）→摇臂电动机M2反转（4区）→摇臂下降。

摇臂夹紧：当摇臂下降到预定位置时，松开SB4（15区）→KT时间继电器失电释放（14区）、KM3线圈失电释放（16区）→摇臂电动机M2停转（4区）→摇臂停止下降→KT时间继电器断电延时1～3s后→KT延时闭合常闭触点闭合（18区）→KM5线圈得电吸合（18区）→KM5主触点闭合（7区）、KM5常开触点闭合（19区）→液压泵电动机M3反转（6区）、YA电磁铁继续得电吸合（19区）→摇臂到达预定位置开始夹紧→弹簧片压位置开关SQ3常闭触点断开（19区）→KM5线圈失电释放（18区）→YA电磁铁失电释放（19区）、液压泵电动机M3停转（6区）→摇臂夹紧。

摇臂上升或下降过程中，利用组合开关SQ1提供上升和下降极限保护（14、15区），若摇臂在上升过程中，撞到SQ1（14区），摇臂上升停止，若摇臂在下降过程中，撞到SQ1（15区），摇臂下降停止。

在分析以上动作顺序时，要特别注意SQ3常闭触点在摇臂夹紧时是断开的，在摇臂松开时接通。不要误认为YA电磁铁（19区）在接通电源后就得电工作，YA电磁铁（19区）得电由KT瞬时闭合延时断开常开触点（19区）和KM5常开触点（19区）控制。另外在分析按下SB3和SB4时不要忘记它们的常闭触点的作用。

（4）冷却泵电动机的控制　Z3050型摇臂钻床冷却泵电动机的起停操作如图10-10所示。按表10-5操作，观察冷却泵电动机和电气控制箱内部电气元件的动作情况，并记录观察结果。

图10-10　Z3050型摇臂钻床冷却泵电动机的起停操作

项目 10 Z3050 型摇臂钻床电气控制电路的故障诊断

表 10-5 冷却泵电动机 M4 的运行情况记录表

序号	操作内容	观察内容	正常结果	观察结果
1	闭合 QS2	冷却泵电动机	正转	
		冷却管	有切削液	
		电气控制箱内部	保持原有状态	

冷却泵电动机电路动作顺序：

闭合 QS2（2 区）→冷却泵电动机 M4 运转；断开 QS2（2 区）→冷却泵电动机 M4 停转。

（5）立柱、主轴箱的放松与夹紧控制

1）起动立柱、主轴箱放松与夹紧，观察其运行情况。立柱、主轴箱的放松与夹紧操作按钮如图 10-11 所示。按表 10-6 操作，观察立柱、主轴箱和电气控制箱内部电气元件的动作情况，并记录观察结果。

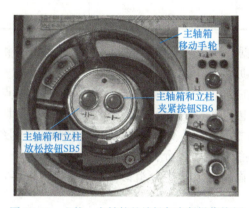

图 10-11 立柱、主轴箱的放松与夹紧操作按钮

表 10-6 立柱、主轴箱的放松与夹紧运行情况记录表

序号	操作内容	观察内容	正常结果	观察结果
1	按下按钮 SB5	KM4	吸合	
		液压泵电动机 M3	正转	
		立柱和主轴箱运动情况	放松，可以运动	
		放松指示灯	点亮	
2	按下按钮 SB6	KM5	吸合	
		液压泵电动机 M3	反转	
		立柱和主轴箱运动情况	夹紧，不可运动	
		夹紧指示灯	点亮	

2）分析电路动作顺序

立柱、主轴箱的放松与夹紧动作顺序为放松→转动→夹紧。

立柱和主轴箱同时放松：按下放松按钮 SB5（17 区）→KM4 线圈得电吸合（17 区）→液压泵电动机 M3 正转（6 区）→使立柱和主轴箱同时放松→放松指示灯 HL2 点亮（10 区）→这时可以水平移动主轴箱或是转动摇臂。

立柱和主轴箱同时夹紧：按下夹紧按钮 SB6（18 区）→KM5 线圈得电吸合（18 区）→液压泵电动机 M3 反转（6 区）→使立柱和主轴箱同时夹紧→夹紧指示灯 HL3 点亮（11 区）→这时主轴箱或是摇臂不可以移动或转动。

2. 诊断 Z3050 型摇臂钻床电路常见故障

（1）主轴电动机不能正常工作

1）观察故障现象。按表 10-7 逐一操作，观察主轴和电气控制箱内部电气元件的动作情况。教师按表 10-7 设置人为的故障点，组织学生操作机床并记录观察结果。

表 10-7 主轴电动机不能正常工作的故障观察表

序号	故障点	观察现象			
		照明灯	主轴指示灯	主轴电动机运转情况	控制箱内部
1	FR1 损坏	点亮	不亮	不能运转	无动作
2	SB1 常闭触点损坏				
3	KM1 线圈损坏				
4	U13、V13 断线		点亮		接触器 KM1 吸合
5	电动机 M1 损坏				

2）分析故障现象。根据上述故障点出现的故障现象，可以分析出造成 Z3050 型摇臂钻床主轴电动机不能正常工作的原因如下。

主电路：主电路中存在断点，U12、V12、W12、KM1 主触点、U13、V13、W13、1U、1V、1W、FR1 驱动元件、电动机 M1 断线或接线松脱以及元件损坏等。

控制电路：2 号线、FR1 常闭触点、3 号线、SB1 常闭触点、4 号线、SB2 常开触点、5 号线、KM1 线圈、0 号线断线或接线松脱以及元件损坏等。

3）诊断故障。教师设置故障，学生分组诊断故障。以表 10-7 中的故障点 3 为例，其诊断流程如图 10-12 所示。

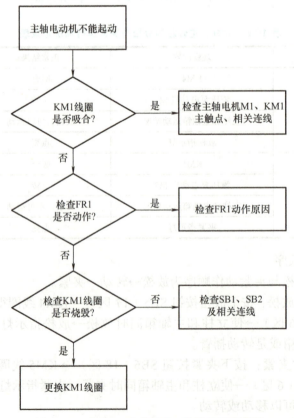

图 10-12 表 10-7 中故障点 3 故障诊断流程图

项目 10　Z3050 型摇臂钻床电气控制电路的故障诊断

（2）立柱、主轴箱不能放松

1）观察故障现象。按表 10-8 逐一操作，观察立柱、主轴箱和电气控制箱内部电气元件的动作情况。教师按表 10-8 设置模拟故障，组织学生操作机床并记录观察结果。

表 10-8　立柱、主轴箱不能放松的故障观察表

序号	故障点	观察现象				
		照明灯	夹紧指示灯	放松指示灯	液压泵电动机	电气控制箱内部
1	6 号线松脱	点亮	点亮	不亮	不运转	无动作
2	SB5 常开触点损坏	点亮	点亮	不亮	不运转	无动作
3	16 号线松脱	点亮	点亮	不亮	不运转	无动作

2）分析故障现象。根据上述故障点及故障现象，可以分析出造成 Z3050 型摇臂钻床立柱、主轴箱不能放松的故障原因如下：

控制电路：6 号线、SB5 常开触点、16 号线断线或接线松脱以及元件损坏等。

油路：堵塞。

3）诊断故障。教师设置故障，学生分组诊断故障。以表 10-8 中的故障点 2 为例，其诊断流程如图 10-13 所示。

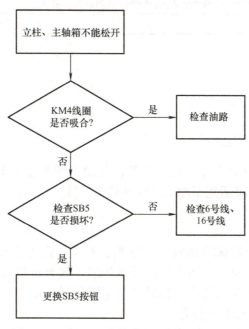

图 10-13　表 10-8 中故障点 2 故障诊断流程图

3. 操作要点

1）按步骤正确操作 Z3050 型摇臂钻床，确保设备安全及人身安全。

2）观察 Z3050 型摇臂钻床电气元件的安装位置和走线情况，注意 SQ1、SQ2、SQ3 位置开关的操作顺序，理清它们与 YA、KT 之间的关系。

3）严禁扩大故障范围或产生新的故障，不得损坏电气元件或设备。

4）停电后要验电，带电检修时必须由指导教师现场监护，以确保用电安全。

六、质量评价

机床故障诊断评价标准见表 10-9。

表 10-9 机床故障诊断评价标准表

项目内容	配分	评分标准	扣分	得分
故障现象	10	不能熟练操作机床，扣 5 分		
		不能确定故障现象，提示一次扣 5 分		
故障范围	20	不会分析故障范围，提示一次扣 5 分		
		故障范围错误，每处扣 5 分		
故障检测	40	停电不验电，扣 5 分		
		工具和仪表使用不当，每次扣 5 分		
		检测方法、步骤错误，每次扣 5 分		
		不会检测，提示一次扣 5 分		
故障修复	30	不能查出故障点，提示一次扣 10 分		
		查出故障点但不会排除，扣 10 分		
		造成新的故障或扩大故障范围，扣 30 分		
安全文明生产		违反安全文明生产操作规程，扣 5～50 分		
定额时间 30min		不允许超时检查；修复过程中允许超时，每超过 5min 扣 5 分		
开始时间			结束时间	

七、拓展提高

（一）Z37 型摇臂钻床电气控制电路

Z37 型摇臂钻床是一种用于加工孔的设备，孔加工的类型主要有扩孔、钻孔、铰孔等。其操作简单，适用范围广，可适用于加工单件批量孔零件。

1. 主要结构及运动形式

如图 10-14 所示，摇臂钻床由摇臂、主轴箱、底座、内外立柱、主轴和工作台等组成。摇臂钻床主轴箱的横向调整位置可由摇臂的导轨控制，摇臂可沿外立柱的圆柱面上下调整并变化位置，且摇臂及外立柱又可绕内立柱转动至不同位置，摇臂钻床工作时根据其工作需要可以很方便地调整主轴至工作台的位置。

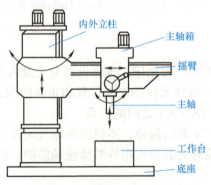

图 10-14 Z37 型摇臂钻床的结构

项目10　Z3050型摇臂钻床电气控制电路的故障诊断

当摇臂钻床进行加工时，由特殊的夹紧装置将主轴箱紧固在摇臂导轨上，而外立柱紧固在内立柱上，摇臂紧固在外立柱上，然后进行钻削加工。钻削加工时，钻头一边进行旋转切削，一边进行纵向进给，其运动形式为：摇臂钻床的主运动为主轴带动钻头的旋转运动，进给运动为钻头的上下运动，辅助运动为摇臂沿外立柱垂直移动、主轴箱沿摇臂长度方向的水平移动，以及摇臂与外立柱一起相对于内立柱的回转运动。

2. 电路组成及其动作顺序

（1）电路组成　Z37型摇臂钻床电气控制电路图如图10-15所示，其电路组成及各元件功能见表10-10。

表10-10　Z37型摇臂钻床电路组成及各元件功能

序号	元件符号	元件名称	元件功能	备注
1	M1	冷却泵电动机	驱动冷却泵	
2	M2	主轴电动机	驱动主轴	
3	M3	摇臂升降电动机	驱动摇臂升降	
4	M4	立柱夹紧、松开电动机	驱动立柱夹紧、松开	
5	KM1	交流接触器	控制M2运转	
6	KM2	交流接触器	控制摇臂上升	
7	KM3	交流接触器	控制摇臂下降	
8	KM4	交流接触器	控制主轴夹紧	
9	KM5	交流接触器	控制主轴松开	
10	FU1	熔断器	冷却泵电动机保护	
11	FU2	熔断器	摇臂电动机保护	
12	FU3	熔断器	主轴夹紧、松开电动机保护	
13	FU4	熔断器	照明保护	
14	QS1	隔离开关	引入电源	
15	QS2	隔离开关	控制冷却泵电动机	
16	SA	十字开关	位置变换	
17	KA	中间继电器	零压保护	
18	FR	热继电器	过载保护	
19	SQ1、SQ2	行程开关	限位保护	
20	SQ3	行程开关	控制M4	
21	S1	鼓形组合开关	控制M3	
22	S2	组合开关	控制M4	
23	TC	控制变压器	降压	
24	EL	照明灯	照明	
25	YG	汇流排	转接电源	

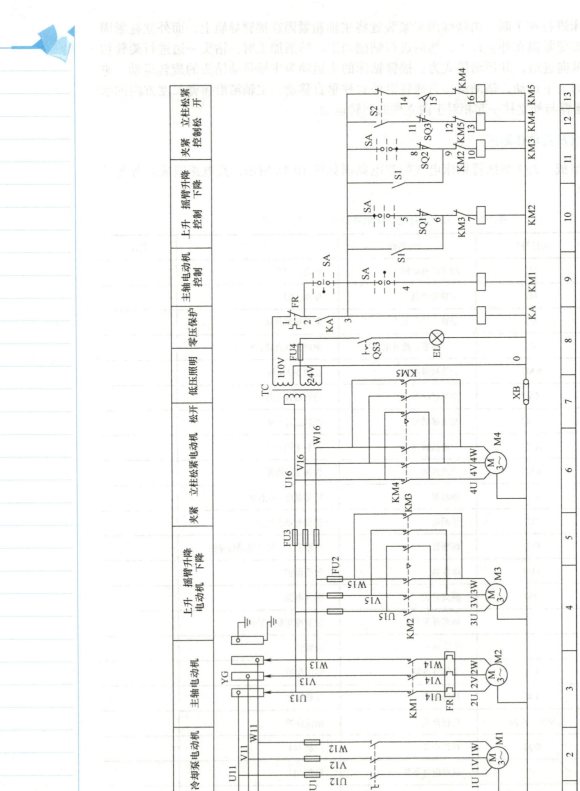

图 10-15 Z37型摇臂钻床电气控制电路

（2）动作顺序

1）主电路分析。Z37型摇臂钻床的主电路中共有四台三相异步电动机，它们的控制和保护流程如图10-16所示。

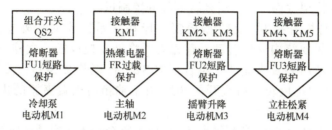

图10-16　主电路中四台三相异步电动机的控制和保护流程

2）控制电路分析。Z37型摇臂钻床的控制电路的电源由变压器TC提供110V电压。控制电路采用十字开关SA操作。十字开关SA由十字手柄和四个微动开关组成，手柄在各个工作位置时的工作情况见表10-11。控制电路中设有零压保护环节，由十字开关SA和中间继电器KA来实现。

表10-11　十字开关操作说明

序号	十字手柄位置	微动开关触点	工作情况
1	中间	均不通	控制电路断电且不工作
2	左边	SA（2-3）	KA得电自锁，零压保护
3	右边	SA（3-4）	KM1得电，主轴电动机运转
4	上面	SA（3-5）	KM2得电，摇臂电动机正转上升
5	下面	SA（3-8）	KM3得电，摇臂电动机反转下降

① 主轴电动机M2的控制。主轴电动机M2的起停由接触器KM1和十字开关SA来控制，控制流程如图10-17所示。

图10-17　主轴电动机M2控制流程

② 摇臂升降控制。摇臂的夹紧、放松、上升、下降是通过十字开关SA、接触器KM2和KM3、行程开关SQ1和SQ2及组合开关S1控制电动机M3正反转来实现的。当工件与钻头的相对高度不匹配时，需要调整摇臂上升或者下降高度。

摇臂放松：十字开关SA手柄扳到向上位置→SA（3-5）触点接通→KM2线圈得电吸合→电动机M3起动正转→松开摇臂。

摇臂上升：摇臂松开后，推动组合开关S1动作→S1常开触点（3-9）闭合，为夹紧做好准备→摇臂开始上升。

摇臂夹紧：摇臂上升到预定位置后，十字开关SA手柄扳到中间位置→KM2断电释放，电动机停转→KM2常闭触点（9-10）、S1常开触点（3-9）→KM3线圈得电吸合→电动机M3起动反转→摇臂夹紧。

上升停止：摇臂夹紧后S1常开触点（3-9）断开→KM3线圈断电释放→电动机M3停转→上升结束。

由上述控制过程可见，摇臂的上升是由机械和电气联合控制来实现的，能自动完成摇臂松开、摇臂上升、摇臂夹紧的控制过程。行程开关 SQ1 和 SQ2 作为限位保护，使得摇臂上升或者下降的过程中不超出极限位置。

参照摇臂上升的控制过程，可分析摇臂下降的控制过程。

③ 立柱的夹紧与松开控制。Z37 型摇臂钻床在正常工作时，外立柱夹紧在内立柱上面。摇臂和外立柱如果要绕内立柱转动，首先需要将外立柱放松。立柱的夹紧和放松靠电动机 M4 的正反转拖动液压装置来完成。组合开关 S2、行程开关 SQ3、接触器 KM4、接触器 KM5 控制电动机 M4 的正反转，行程开关 SQ3 由主轴箱与摇臂夹紧的机械手柄操作。控制过程如下：

立柱放松：扳动手柄→SQ3 常开触点（14-15）闭合→M4 拖动液压泵→立柱放松。

摇臂转动：立柱完全松开，S2 常闭触点（3-14）断开→KM5 线圈断电释放→M4 停转，S2 常开触点（3-11）闭合，为夹紧做准备→可推动摇臂旋转。

立柱夹紧：扳动手柄使 SQ3 复位→SQ3 常开触点（14-15）断开，常闭触点（11-12）闭合→KM4 线圈得电吸合→M4 拖动液压泵反向转动→立柱夹紧→完全夹紧后，S2 复位，KM4 线圈断电释放→M4 停转。

Z37 型摇臂钻床主轴箱在摇臂上的松开和夹紧、立柱的松开和夹紧由同一台电动机 M4 拖动液压泵来完成。

3）照明电路分析。

变压器 TC 将交流电压 380V 降到安全电压 24V，提供给照明电路。开关 QS3 控制照明灯 EL，熔断器 FU4 作为短路保护。

（二）电气故障检修方法——逻辑分析法

（1）逻辑分析法介绍　检修简单的电气控制电路时，对每个电气元件、每根导线逐一进行检查，一般能很快找到故障点。但对复杂的电路而言，往往有上百个元件，成千条连线，若采取逐一检查的方法，不仅需耗费大量的时间，而且也容易漏查。在这种情况下，根据电路图采用逻辑分析法，对故障现象做具体分析，圈出可疑范围，提高维修的针对性，就可以收到准而快的效果。分析电路时通常先从主电路入手，了解工业机械各运动部件和机构采用了几台电动机拖动，与每台电动机相关的电气元件有哪些，采用了哪种控制，特别是要注意电气、液压和机械之间的配合，然后根据电动机主电路所用电气元件的文字符号、图区号及控制要求，找到相应的控制电路。在此基础上，结合故障现象和电路工作原理，进行认真分析排查，即可迅速判定故障发生的可能范围。

当故障的可能范围较大时，不必按部就班地逐级进行检查，这时可在故障范围内的中间环节进行检查，来判断故障究竟是发生在哪一部分，从而缩小故障范围，提高检修速度。

（2）逻辑分析法应用举例　在维修 Z3050 型摇臂钻床的过程中，要注意电气与机械、液压部分的协调关系。以故障现象摇臂升降后不能夹紧为例展开分析，由摇臂夹紧的动作是电气与机械、液压部分的协调动作的结果可知，首先判断是不是液压系统的故障，观察是否由于油路堵塞造成夹紧力不够，如果不是，可以判定是电气方面的故障。由于夹紧动作的结束是由位置开关 SQ3 来完成的，如果 SQ3 动作过早，使摇臂未充分夹紧，液压泵电动机 M3 就停转。这时可以围绕 SQ3 进行调整，观察 SQ3 的固定螺钉是否松动而造成 SQ3 移位，使 SQ3 在摇臂夹紧动作未完成时就被压上，切断了 KM5 回路，从而使液压泵电动机 M3 停转。排除故障时，应调整 SQ3 的安装位置和动作距离，固定好螺钉即可。

八、素养加油站

推陈出新

《梁溪漫志·张文潜粥记》引东坡帖："吴子野劝食白粥，云能推陈致新，利膈养胃。"意为去掉旧事物的糟粕，取其精华，并使它向新的方向发展。对于杰出的工匠来说，技艺水平的提升总是与创新相伴而行的。面对生产实践中遇到的各种问题，他们以与时俱进、推陈出新的方式，推动着技术技能的发展，推动着社会文明的进步。

包玉合，中南钻石有限公司研究员，高级工程师。1999年，包玉合成立了工作室，经过一年的研究，他终于突破了把石墨变成金刚石的技术，制作出了第一台样机。经过上百次的实验，他摸索出了一套全新的超硬材料生产控制算法，很好地解决了工艺合成中的重大技术难题，该自动化控制设备在国内同行业创造了多个第一，始终处于领先水平。2002年，他成功研发了人造金刚石智能化控制系统，在中南钻石有限公司3500多台金刚石合成设备中得到应用，为公司创造了巨大的经济效益和社会效益。2008年，在他的主持下，团队成功研制出PCD超硬复合材料自动化控制系统，解决了六个受力面不均匀的技术难题，在国内首创，被国外著名专家和公司选定为合作伙伴，年创造直接经济效益达300多万元。图10-18为包玉合在调试检测电路。

图10-18　包玉合在调试检测电路

多年的研究工作，让包玉合成为了电气设备方面的专家，厂里有很多高精尖设备，如金刚石深加工设备——美国原装超声波显微镜，一台售价为200万元。这样的设备出了故障，如果邀请美国专家来维修，一次就要花费2万美元，是一笔不小的支出。2013年，引进的新设备开始出现问题，美国的专家前后来了3次，都没有彻底修好，最后检测出是超声波探头出了问题，得换个新的探头，但是美国原装的探头售价3万美元，这又是一笔巨大的开支。包玉合凭借自己丰富的工作经验，对美国专家的判断产生了质疑，推断并非是探头出了问题，于是他带领技术人员仔细研究，跳出旧思维，突破新角度，结果仅仅一天时间，他们就将机器的故障成功排除，并且利用国产零部件将故障零件予以替换，为公司节约了一大笔费用。推陈出新的理念，在工匠精神中折射出新的思路、新的希望、新的机遇，包玉合这样的大国工匠，演绎着属于自己的全新篇章。

习　题

一、填空题

1.钻床是一种用途广泛的孔加工机床，主要用于_____。

2. 摇臂钻床主轴带动钻头的旋转运动是_____；钻头的上下运动是_____；主轴箱沿摇臂水平移动、摇臂沿外立柱上下移动以及摇臂连同外立柱一起相对于内立柱的回转运动是_____。

3. Z37型摇臂钻床的各种工作状态都是通过_____操作的，为防止十字开关手柄停在任何工作位置时，因接通电源而产生误动作，本控制线路设有_____环节。

4. Z3050型摇臂钻床中需要正反转的电动机是_____电动机和_____电动机。

5. 摇臂的上升是由_____和_____联合控制实现的，能够自动完成摇臂松开→摇臂上升→摇臂夹紧的半自动控制过程。

二、判断题

1. 摇臂钻床的摇臂可绕外立柱回转。　　　　　　　　　　　　　　　　（　　）
2. Z3050型摇臂钻床中实现摇臂升降限位保护的电器是行程开关SQ1和SQ2。（　　）
3. Z3050型摇臂钻床的各台电动机都能实现正反转控制。　　　　　　　（　　）
4. Z37型摇臂钻床摇臂的松开和夹紧与立柱的松开和夹紧是由同一台电动机M4拖动液压泵完成的。　　　　　　　　　　　　　　　　　　　　　　　　　　　（　　）
5. Z3050型摇臂钻床照明电路采用24V电压供电。　　　　　　　　　　（　　）

三、选择题

1. Z37型摇臂钻床的外立柱可绕不动的内立柱回转（　　）。

A. 90°　　　　　　B. 180°　　　　　　C. 350°

2. Z37型摇臂钻床的主轴箱在摇臂上的移动靠（　　）。

A. 人力推动　　　B. 电动机驱动　　　C. 液压驱动

3. Z37型摇臂钻床的摇臂夹紧和放松是由（　　）控制的。

A. 机械　　　　　B. 电气　　　　　　C. 机械和电气联合

4. Z37型摇臂钻床大修后，若将摇臂升降电动机的三相电源相序接反，则会出现（　　）的现象。

A. 电动机不能起动　　　　　　B. 上升和下降方向颠倒

C. 电动机不能停止

四、问答题

1. Z3050型摇臂钻床中，电磁铁YA的作用是什么？
2. Z3050型摇臂钻床中，组合开关SQ3损坏后会产生怎样的故障现象？
3. 摇臂不能下降故障的原因有哪些？试用流程图分析。
4. KT时间继电器的作用有哪些？
5. 按下主轴起动按钮SB2，主轴是否立刻带动钻头开始旋转？为什么？

项目 11

MA1420A 型万能外圆磨床电气控制电路的故障诊断

项目 11

一、学习目标

1）熟悉 MA1420A 型万能外圆磨床的主要结构及电气控制要求，知道它的主要运动形式。

2）会正确识读 MA1420A 型万能外圆磨床电气控制电路图，并能说出电路的动作顺序。

3）能正确操作 MA1420A 型万能外圆磨床，能初步诊断电气控制电路的常见故障。

4）知道勇攀高峰的精神内涵，并融入生产实践中，争做勇攀高峰的工匠。

二、工作任务

某工具厂有一台 MA1420A 型万能外圆磨床，由于电气元件老化，造成砂轮电动机不能起动，以及头架电动机无法低速运转，严重影响了企业的正常生产。机加工车间周主任找到电气维修班王班长，要求尽快对这台设备进行故障诊断和维修工作。

图 11-1　MA1420A 型万能外圆磨床及机加工车间

王班长收到维修申请后，填写维修任务单，开始实施 MA1420A 型万能外圆磨床的检修任务。学习生产流程如图 11-2 所示。

三、生产领料

按表 11-1 到电气设备仓库领取施工所需的工具、设备及材料。

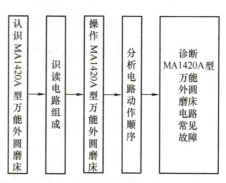

图 11-2　学习生产流程

表 11-1　工具、设备及材料清单

序号	分类	名称	型号规格	数量	单位	备注
1	工具	常用电工工具		1	套	
2		万用表	MF47	1	只	

四、资讯收集

MA1420A 型万能外圆磨床是一种普通精度级的外圆磨床，主要用于加工外圆柱面及外圆锥面。

1. 认识 MA1420A 型万能外圆磨床

（1）主要结构及运动形式　MA1420A 型万能外圆磨床主要由床身、工件头架、工作台、砂轮架、尾座、控制箱等部分构成，如图 11-3 所示。

MA1420A 型万能外圆磨床的床身上安装有工作台和砂轮架，并通过工作台支撑着头架及尾座等部件，床身内部有存放液压油的储油池，液压系统采用了噪声小、输油平稳的螺杆泵。工件头架用于装夹工件，并带动工件旋转。砂轮架用于支撑并传动砂轮轴。内圆磨具用于支撑磨内孔的砂轮主轴，由单独的电动机经带传动驱动。尾座用于支撑工件，它和工件头架的前顶尖一起把工件沿轴线顶牢。工作台由上工作台和下工作台两部分组成，上工作台可相对于下工作台偏转一定角度，用于磨削锥度较小的长圆锥面。

如图 11-4 所示，MA1420A 型万能外圆磨床的主运动是砂轮架（或内圆磨具）主轴带动砂轮做高速旋转运动，头架主轴带动工件做旋转运动。其辅助运动是砂轮架的快速进退运动和尾座套筒的快速退回运动。砂轮架做横向（径向）进给运动，工作台由液压驱动和手动两种方式来实现纵向（轴向）往复运动。砂轮架和头架可回转，以实现微量进给。

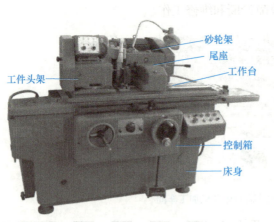

图 11-3　MA1420A 型万能外圆磨床的结构

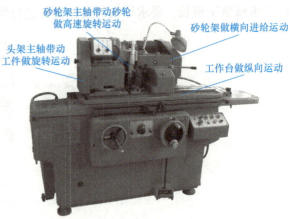

图 11-4　MA1420A 型万能外圆磨床的运动形式

（2）型号及含义　MA1420A 型万能外圆磨床的型号及含义：

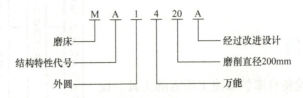

（3）电力拖动的特点及控制要求　MA1420A 型万能外圆磨床采用 AC 380V、50Hz 三相

项目 11　MA1420A 型万能外圆磨床电气控制电路的故障诊断

交流电源供电，并有保护接地措施。主电路共有四台电动机，其中砂轮电动机 M1 只需正转控制；M2 为液压泵电动机，只有在 M2 起动后，其他电动机才能起动；M3 为冷却泵电动机；头架电动机 M4 是双速电动机，需低速与高速控制。

2. 识读电路组成

MA1420A 型万能外圆磨床的电气控制电路图如图 11-5 所示，其电路的组成及各元件的功能见表 11-2。

表 11-2　MA1420A 型万能外圆磨床电气控制电路的组成及各元件的功能

序号	电路名称	参考区位	电路组成	元件功能	备注
1	电源电路	1	QS	总电源开关	
2	主电路	2	FU1	砂轮电动机 M1 短路保护	
3		2	KM1 主触点	控制砂轮电动机 M1 运转	
4		2	M1	砂轮电动机	
5		2	FR1	砂轮电动机过载保护	
6		3	FU2	短路保护用	
7		3	KM2 主触点	控制液压泵电动机 M2 运转	
8		3	FR2	液压泵电动机 M2 过载保护	
9		3	M2	液压泵电动机	
10		4	KM3 主触点	控制冷却泵电动机 M3 运转	
11		4	FR3	冷却泵电动机 M3 过载保护	
12		4	M3	冷却泵电动机	
13		5、7	KM4 主触点	控制头架电动机 M4 高速运转	
14		5、6	FR4	头架电动机过载保护	
15		5、6	M4	头架电动机	
16		6	KM5 主触点	控制头架电动机 M4 低速运转	
17	控制电路	13	SB1	急停按钮	
18		14	SB2	砂轮电动机 M1 起动按钮	
19		14	SB3	砂轮电动机 M1 停止按钮	
20		15	SB4	液压泵电动机 M2 起动按钮	
21		15	SB5	液压泵电动机 M2 停止按钮	
22		16	SB6	砂轮架快退按钮	
23		16	SB7	砂轮架快进按钮	
24		18、19	SB8	头架电动机点动按钮	
25		13	SA1	控制照明灯开关	
26		18	SA	头架电动机转速选择开关	
27		10	HL1	电源指示	
28		11	HL2	砂轮指示	
29		12	HL3	液压泵指示	
30		12	HL4	进给指示	
31		9	HL5	刻度指示	
32		13	EL	工作照明	
33		16	SQ	磨内圆时，SQ 压合不允许砂轮架后退	
34		8	TC	提供 6 V、24 V、220 V 电源	
35		16	YA	控制液压回路导通，实现砂轮架进退	
36		9	FU3、FU4、FU5	控制回路、照明回路、指示灯回路短路保护	
37		16	KA	顺序控制，冷却泵和头架电动机在液压泵电动机工作后工作	
38		14～19	KM1、KM2、KM3、KM4、KM5	控制砂轮、液压泵、冷却泵、头架电动机用接触器	

— 155 —

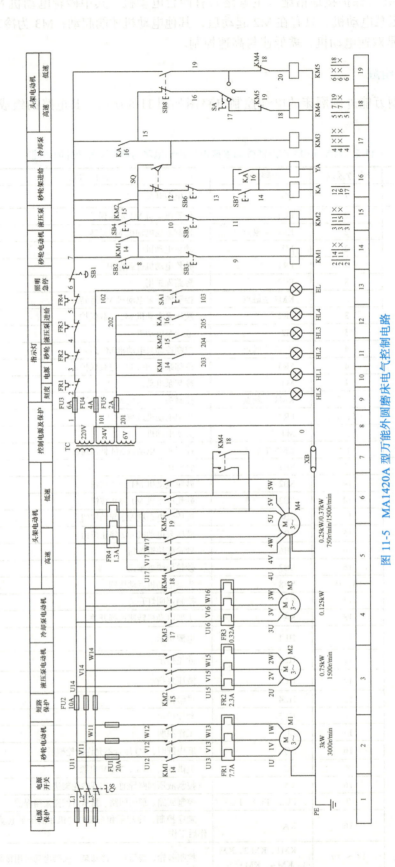

图 11-5 MA1420A 型万能外圆磨床电气控制电路

项目 11　MA1420A 型万能外圆磨床电气控制电路的故障诊断

五、作业指导

1. 操作 MA1420A 型万能外圆磨床并分析电路动作顺序

（1）开车前的准备　如图 11-6 所示，合上电源开关 QS（1 区）后电源指示灯 HL1（10 区）与刻度指示灯 HL5（9 区）点亮，再合上照明开关 SA1（13 区），照明灯 EL（13 区）点亮。

（2）砂轮电动机的控制

1）起动砂轮电动机，观察其运行情况。图 11-7 为 MA1420A 型万能外圆磨床电气控制面板，图 11-8 为其电气控制箱内部的电气元件布置。观察电气控制面板和电气控制箱内部电气元件的布置情况，找到对应的电气元件后，按表 11-3 起动砂轮电动机，观察它及电气控制箱内部元件的动作情况，并记录观察结果。

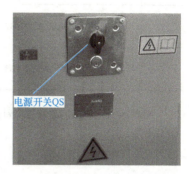

图 11-6　MA1420A 型万能外圆磨床电源开关布置图

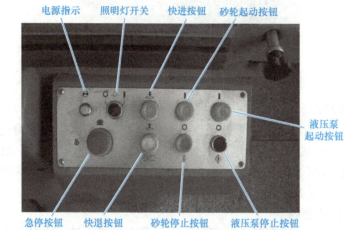

图 11-7　MA1420A 型万能外圆磨床电气控制面板

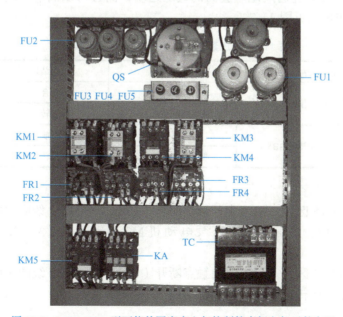

图 11-8　MA1420A 型万能外圆磨床电气控制箱内部电气元件布置

表 11-3　砂轮电动机 M1 的运行情况记录表

序号	操作内容	观察内容	正常结果	观察结果
1	按下砂轮起动按钮 SB2	KM1	吸合	
		砂轮电动机 M1	运转	
2	按下砂轮停止按钮 SB3	KM1	释放	
		砂轮电动机 M1	停转	

MA1420A 型万能外圆磨床的砂轮工作如图 11-9 所示。

图 11-9　MA1420A 型万能外圆磨床的砂轮工作

2）分析电路动作顺序。

起动：按下 SB2（14 区）→ SB2 常开触点闭合（14 区）→ KM1 线圈得电吸合（14 区）→ KM1 触点动作（2、11、14 区）→砂轮电动机 M1 起动运转（2 区），指示灯 HL2 点亮（11 区）。

停止：按下 SB3（14 区）→ SB3 常闭触点断开（14 区）→ KM1 线圈失电释放（14 区）→砂轮电动机 M1 停止运转（2 区），指示灯 HL2 熄灭（11 区）。

（3）液压泵电动机的控制

1）起动液压泵电动机，观察其运行情况。液压泵电动机为液压系统供油，实现工作台的纵向进给、砂轮架的快速进退及尾座套筒的进退运动，而且可以润滑导轨、丝杠等，其操作过程见表 11-4，操作按钮见图 11-7。

表 11-4　液压泵电动机 M2 的运行情况记录表

序号	操作内容	观察内容	正常结果	观察结果
1	按下液压泵起动按钮 SB4	KM2	吸合	
		液压泵电动机 M2	运转	
2	按下液压泵停止按钮 SB5	KM2	释放	
		液压泵电动机 M2	停转	

2）分析电路动作顺序。

起动：按下 SB4（15 区）→ SB4 常开触点闭合（15 区）→ KM2 线圈得电吸合（15 区）→ KM2 触点动作（3、12、15 区）→液压泵电动机 M2 起动运转（3 区），指示灯 HL3 点亮（12 区）。

停止：按下 SB5（15 区）→ SB5 常闭触点断开（15 区）→ KM2 线圈失电释放（15 区）→液压泵电动机 M2 停止运转（3 区），指示灯 HL3 熄灭（12 区）。

液压泵电动机控制回路中利用 KM2 常开触点（15 区）实现顺序控制，保证只有当液压泵电动机起动后，冷却泵电动机、头架电动机才能起动的控制要求。

（4）砂轮架快速进退的控制

1）操作砂轮架快进、快退，观察其运行情况。砂轮架的快速进退由电磁铁 YA 吸合、释放实现，同时冷却泵电动机 M3 起动，其操作过程见表 11-5，操作按钮见图 11-7。

表 11-5　砂轮架的运行情况记录表

序号	操作内容	观察内容	正常结果	观察结果
1	按下快进按钮 SB7	KA	吸合	
		电磁铁 YA	吸合	
		砂轮架	快进（YA 吸合后动作）	
		KM3	吸合	
		冷却泵电动机 M3	运转	
2	按下快退按钮 SB6	KA	释放	
		电磁铁 YA	释放	
		砂轮架	快退（YA 释放后动作）	
		KM3	释放	
		冷却泵电动机 M3	停转	

电气控制箱内采用的新型交流接触器与热继电器如图 11-10 所示。

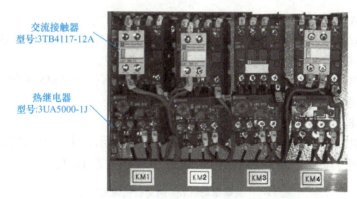

图 11-10　电气控制箱内采用的新型交流接触器与热继电器

2）分析电路动作顺序

快进：按下 SB7（16 区）→ SB7 常开触点闭合（16 区）→ KA 线圈得电吸合自锁（16 区），YA 电磁铁得电（16 区）→ 砂轮架快速前进，KA 触点动作（12、16、17 区）→ 进给指示灯 HL4 亮（12 区），KM3 线圈得电吸合（17 区）→ 冷却泵电动机 M3 起动运转（4 区）。

快退：按下 SB6（16 区）→ SB6 常闭触点断开（16 区）→ KA 线圈失电释放（16 区）、YA 电磁铁失电（16 区）→ 砂轮架快速退回，同时 KM3 线圈失电释放（17 区）、指示灯 HL4 熄灭（12 区）→ 冷却泵电动机 M3 失电停转（4 区）。

（5）头架的点动控制

1）点动头架电动机，观察其运行情况。头架电动机的电气操作面板如图 11-11 所示。点动头架电动机可以对工件进行调整，其操作过程见表 11-6。

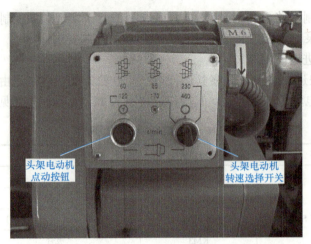

图 11-11　头架电动机电气操作面板

表 11-6　头架电动机 M4 的点动运行情况记录表

序号	操作内容	观察内容	正常结果	观察结果
1	按下头架电动机点动按钮 SB8	KM5	吸合	
		头架电动机 M4	低速	
2	松开头架电动机点动按钮 SB8	KM5	释放	
		头架电动机 M4	停转	

2）分析电路动作顺序

起动：按下 SB8（19 区）→ SB8 常开触点闭合（19 区）→ KM5 线圈得电吸合（19 区）→ KM5 主触点闭合（6 区）→头架电动机 M4 起动运转（5 区）。

停止：松开 SB8（19 区）→ KM5 线圈失电释放（19 区）→ KM5 主触点断开（6 区）→头架电动机 M4 失电停转（5 区）。

（6）头架电动机的运转控制

1）起动头架电动机，观察其运行情况。如图 11-11 所示，头架电动机的速度由 SA 转速开关选择，共有高速、低速、停止三个挡位，其操作过程见表 11-7。

表 11-7　头架电动机 M4 的运行情况记录表

序号	操作内容	观察内容	正常结果	观察结果
1	SA 置于高速挡	KM4	吸合	
		头架电动机 M4	高速运转	
2	SA 置于低速挡	KM5	吸合	
		头架电动机 M4	低速运转	
3	SA 置于停止挡	KM4、KM5	释放	
		头架电动机 M4	停转	

2）分析电路动作程序。

高速运转：SA 置于高速挡（18 区）→ KM4 线圈得电吸合（18 区）→ KM4 主触点闭合（5、7 区）→头架电动机 M4 以 丫丫 联结高速运转（5、6 区）。

低速运转：SA 置于低速挡（18 区）→ KM5 线圈得电吸合（18 区）→ KM5 主触点闭合（6 区）→头架电动机 M4 以 △ 联结低速运转（6 区）。

停止：SA 置于停止挡（18 区）→KM4 或 KM5 线圈失电（18、19 区）→头架电动机 M4 停止运转（6 区）。

（7）急停控制　当机床控制部分出现紧急故障时，可按下急停按钮 SB1（13 区）切断全部控制电路，并自锁保持到故障排除，直至人工解锁后转入正常操作。

急停动作顺序：按下急停按钮 SB1（13 区），控制电路失电，电路停止工作。

2. 诊断 MA1420A 型万能外圆磨床电路常见故障

由于 MA1420A 型万能外圆磨床的电气与机械联锁较多，又使用了双速电动机，在工作时常会产生一些特有的故障。

（1）所有电动机都不能起动

1）观察故障现象。按表 11-8 逐一操作，认真观察电动机和电气控制箱内部电气元件的动作情况。教师按表 11-8 设置模拟故障，组织学生操作机床并记录观察结果。

表 11-8　所有电动机不能正常工作的故障观察表

序号	故障点	观察现象			
		照明灯	电源指示灯	所有电动机运转情况	控制箱内部
1	FU2（U 相）损坏	不亮	不亮	不能运转	无动作
2	TC 一次绕组损坏				
3	1 号线断线	点亮	点亮		
4	FU3 断线	点亮	点亮		无动作
5	电动机 M1 过载	点亮	点亮	先转后停	FR1 动作

2）分析故障现象。根据上述故障点出现的故障现象，可以分析出造成 MA1420A 型万能外圆磨床所有电动机不能正常工作的故障原因。

主电路：主电路中存在断点，QS 没有闭合，U11、W11、FU2、U14、W14 断线或接线松脱以及损坏等。

控制电路：TC、1 号线、FU3、2 号线、FR1 常闭触点、3 号线、FR2 常闭触点、4 号线、FR3 常闭触点、5 号线、FR4 常闭触点、6 号线、SB1 常闭触点、7 号线、0 号线断线或接线松脱以及损坏等。

3）诊断故障。教师设置故障，学生分组诊断故障。以表 11-8 中的故障点 5 为例，其诊断流程如图 11-12 所示。

（2）头架电动机只有高速运转，不能低速运转

1）观察故障现象。按表 11-9 逐一操作，观察头架电动机和电气控制箱内部电气元件的动作情况。教师按表 11-9 设置模拟故障，组织学生操作机床并记录观察结果。

表 11-9　头架电动机只有高速没有低速的故障观察表

序号	故障点	观察现象			
		照明灯	指示灯	头架电动机	控制箱内部
1	SA 损坏	亮		高速运转、低速不转	KM5 不吸合
2	KM5 线圈损坏				
3	KM4 常闭触点损坏				
4	19 号线断线				
5	KM5 主触点损坏				KM5 吸合

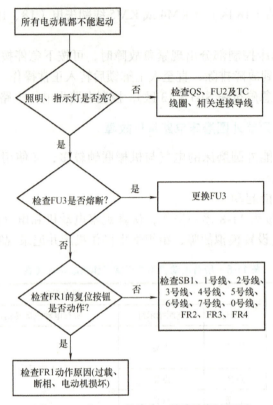

图 11-12 表 11-8 故障点 5 故障诊断流程图

2）分析故障现象。根据上述故障点出现的故障现象，可以分析出造成 MA1420A 型万能外圆磨床头架电动机只有高速没有低速的故障范围大致如下。

主电路：主电路中存在断点，U17、V17、W17、KM5 主触点损坏、5U、5V、5W 断线或接线松脱以及损坏等。

控制电路：7 号线、SB8、19 号线、SA 转换开关、KM4 常闭触点、20 号线、KM5 线圈、0 号线断线或接线松脱以及损坏等。

3）诊断故障。教师设置故障，学生分组诊断故障。以表 11-9 中的故障点 1 为例，其诊断过程如图 11-13 所示。

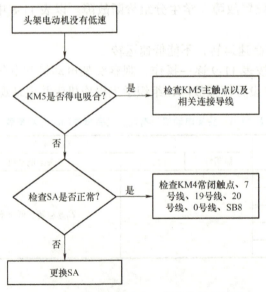

图 11-13 表 11-9 故障点 1 故障诊断流程图

3. 操作要点

1）按步骤正确操作 MA1420A 型万能外圆磨床，确保设备安全及人身安全。
2）注意观察 MA1420A 型万能外圆磨床电气元件的安装位置和走线情况。
3）严禁扩大故障范围或造成新的故障，不得损坏电气元件或设备。
4）停电后要验电，带电检修时必须由指导教师现场监护，以确保用电安全。

六、质量评价

机床故障诊断评价标准见表 11-10。

表 11-10　机床故障诊断评价标准表

项目内容	配分	评分标准	扣分	得分
故障现象	10	不能熟练操作机床，扣 5 分		
		不能确定故障现象，提示一次扣 5 分		
故障范围	20	不会分析故障范围，提示一次扣 5 分		
		故障范围错误，每处扣 5 分		
故障检测	40	停电不验电，扣 5 分		
		工具和仪表使用不当，每次扣 5 分		
		检测方法、步骤错误，每次扣 5 分		
		不会检测，提示一次扣 5 分		
故障修复	30	不能查出故障点，提示一次扣 10 分		
		查出故障点但不会排除，扣 10 分		
		造成新的故障或扩大故障范围，扣 30 分		
安全文明生产		违反安全文明生产操作规程，扣 5～50 分		
定额时间 30min		不允许超时检查，修复过程中允许超时，每超过 5min 扣 5 分		
开始时间			结束时间	

七、拓展提高

（一）M7130 型卧轴矩台平面磨床电气控制电路

M7130 型卧轴矩台平面磨床以砂轮周边或侧面磨削工件的平面，机床运动平稳，精度好，性能可靠，噪声低，特别适合用于机械性的金属工件平片的磨削加工。

1. 主要结构及运动形式

如图 11-14 所示，M7130 型平面磨床是卧轴矩形工作台式，主要由床身、工作台、电磁吸盘、砂轮架（又称磨头）、滑座和立柱等部分组成。在床身中装有液压传动装置，工作台通过活塞杆由液压驱动做往复运动，床身导轨有自动润滑装置进行润滑。工作台表面有 T 形槽，用以固定电磁吸盘，再用电磁吸盘来吸持加工工件。工作台往复运动的行程长度可通过调节装在工作台正面槽中的换向撞块的位置来改变。换向撞块通过碰撞工作台往复运动换向手柄来改变油路方向，以实现工作台的往复运动。

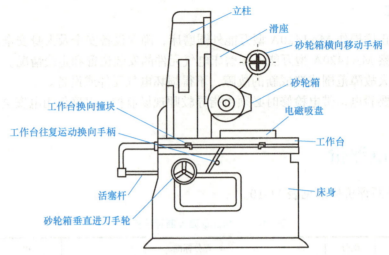

图 11-14　M7130 型卧轴矩台平面磨床的主要结构

在床身上固定有立柱，沿立柱的导轨上装有滑座，砂轮箱能沿滑座的水平导轨做横向移动。砂轮轴由装入式砂轮电动机直接拖动，在滑座内部也装有液压传动机构。

滑座可在立柱导轨上做上下垂直移动，并可由垂直进刀手轮操作。砂轮箱的水平轴向移动可由横向移动手轮操作，也可由液压传动做连续或间断横向移动，连续移动用于调节砂轮位置或整修砂轮，间断移动用于进给。

M7130 型卧轴矩台平面磨床的主运动是砂轮的高速旋转运动；进给运动有垂直进给、横向进给和纵向进给，分别控制滑座在立柱上的上下运动、砂轮箱在滑座上的水平运动和工作台沿床身的往复运动。辅助运动包括工件的夹紧、工作台的快速移动、工件冷却等。

工作台每完成一次往复运动时，砂轮箱便做一次间断性的横向进给；当加工完整平面后，砂轮箱做一次间断性垂直进给。

2. 电路组成及其动作顺序

（1）电路组成　M7130 型卧轴矩台平面磨床的电气控制电路如图 11-15 所示，其电路组成及各元件的功能见表 11-11。

表 11-11　M7130 型卧轴矩台平面磨床电路组成及各元件的功能

序号	元件符号	元件名称	元件功能	备注
1	M1	砂轮电动机	驱动砂轮	
2	M2	冷却泵电动机	驱动冷却泵	
3	M3	液压泵电动机	驱动液压泵	
4	QS1	隔离开关	引入电源	
5	QS2	隔离开关	控制电磁吸盘	
6	SA	照明灯开关	控制照明灯	
7	FU1	熔断器	电源保护	
8	FU2	熔断器	控制电路短路保护	
9	FU3	熔断器	照明电路短路保护	
10	FU4	熔断器	电磁吸盘保护	

（续）

序号	元件符号	元件名称	元件功能	备注
11	KM1	接触器	控制 M1 运转	
12	KM2	接触器	控制 M3 运转	
13	FR1	热继电器	M1 过载保护	
14	FR2	热继电器	M3 过载保护	
15	T1	整流变压器	降压	
16	T2	照明变压器	降压	
17	VC	硅整流器	输出直流电压	
18	YH	电磁吸盘	工件夹具	
19	KA	欠电流继电器	保护用	
20	SB1	按钮	起动 M1、M2	
21	SB2	按钮	停止 M1、M2	
22	SB3	按钮	起动 M3	
23	SB4	按钮	停止 M3	
24	R_1	电阻器	放电保护电阻	
25	R_2	电阻器	去磁电阻	
26	R_3	电阻器	放电保护电阻	
27	C	电容器	放电保护电容	
28	EL	照明灯	工作照明	
29	X1	接插器	M2 用	
30	X2	接插器	电磁吸盘用	
31	XS	插座	退磁器用	

（2）动作顺序　在控制电路中，SB1、SB2 为砂轮电动机 M1 和冷却泵电动机 M2 的起动和停止按钮，SB3、SB4 为液压泵电动机 M3 的起动和停止按钮。只有在转换开关 QS2 扳到退磁位置，其常开触点 QS2（3-4）闭合，或者欠电流继电器 KA 的常开触点 KA（3-4）闭合时，控制电路才起作用。

1）电动机控制。

砂轮电动机 M1 及冷却泵电动机 M2 动作顺序如下。

按下起动按钮 SB1 → KM1 线圈得电吸合→ KM1 辅助常开触点（7 区）闭合自锁，KM1 主触点闭合→砂轮电动机 M1 及冷却泵电动机 M2 起动运行。

按下停止按钮 SB2 → KM1 线圈失电释放→ KM1 主触点断开→砂轮电动机 M1 及冷却泵电动机 M2 停止运行。

液压泵电动机 M3 动作顺序如下。

按下起动按钮 SB3 → KM2 线圈得电吸合→ KM2 辅助常开触点（9 区）闭合自锁，KM2 主触点闭合→液压泵电动机 M3 起动运行。

按下停止按钮 SB4 → KM2 线圈失电释放→ KM2 主触点断开→液压泵电动机 M3 停止运行。

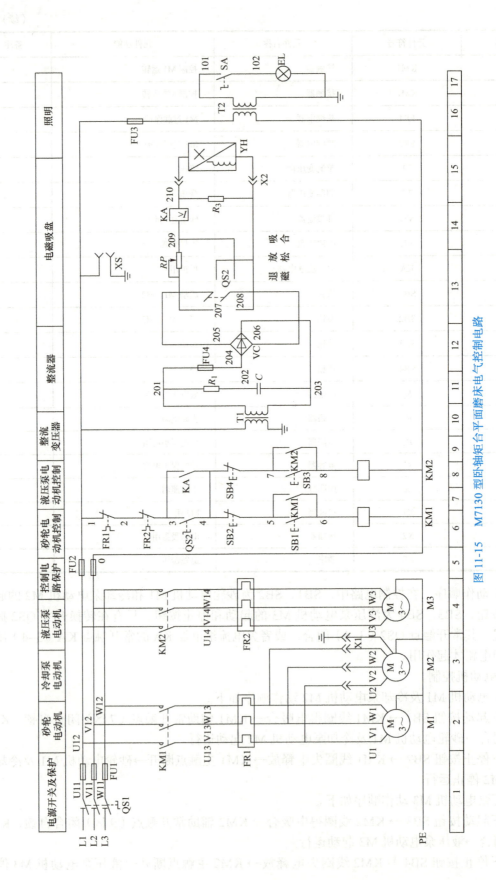

图 11-15 M7130 型卧轴矩台平面磨床电气控制电路

2)电磁吸盘(YH)控制。电磁吸盘是装夹在工作台上用来固定工件的夹具,电磁吸盘的结构如图 11-16 所示。和机械夹具相比较,电磁吸盘具有夹紧快、操作简便、不损伤工件、一次能吸牢多个小工件等优点。不足之处是只能吸牢磁性工件,铝、铜质工件不能吸牢。

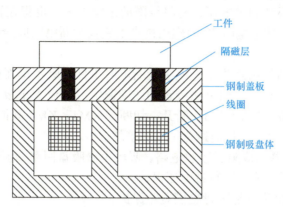

图 11-16 电磁吸盘的结构

电磁吸盘控制电路由降压整流电路、控制电路、保护电路组成。

① 电磁吸盘整流电路。整流变压器 T1 将 220V 的交流电压先降压到大约 145V 的交流电压,经桥式整流 VC 整流后输出大约 130V 的直流电压,作为电磁吸盘的供电电源。

② 电磁吸盘控制电路。电磁吸盘共有三种工作状态,分别是吸合、放松和退磁,转换开关 QS2 控制三种工作状态的转换。转换开关 QS2 触点的工作状态见表 11-12。表中"+"表示闭合,"-"表示断开。

表 11-12 转换开关 QS2 触点的工作状态

序号	触点	手柄位置		
		吸合	放松	退磁
1	3-4	-	-	+
2	205-208	+	-	-
3	205-207	-	-	+
4	206-209	+	-	-
5	206-208	-	-	+

吸合控制:把 QS2 扳至吸合位置,触点(205-208)和(206-209)闭合,电磁吸盘 YH 通入整流器输出的直流电压,工件被吸住。欠电流继电器 KA 的线圈得电吸合,KA 常开触点(3-4)闭合,砂轮和液压泵电动机的控制电路被接通。

放松控制:当工件加工结束后,QS2 扳至放松位置,触点(205-208)和(206-209)由闭合转为断开,切断了电磁吸盘的输入直流电源。工件具有剩磁而不易取下,因此必须进行退磁。

退磁控制:把 QS2 扳至退磁位置,触点(205-207)和(206-208)闭合。由于退磁回路中串联了退磁电阻 R_2,电磁吸盘通入较小的反向电流进行退磁。调整电位器 RP 的阻值大小即可改变退磁电流的大小,达到既能退磁又不会反向磁化的目的。退磁结束后,QS2 扳至放松位置,工件即可取下。

如果工件不易退磁时,可将附件退磁器的插头插入插座 XS,使工件在交变磁场的作用下进行退磁。

如果加工的工件不需要电磁吸盘工作,则断开电磁吸盘 YH 的电源,同时将 QS2 扳至退磁位置,接在控制电路中的 QS2 常开触点(3-4)闭合,砂轮和液压泵电动机的控制电路被接通，磨床能正常工作。

③电磁吸盘保护电路。电磁吸盘保护电路由放电电阻 R_3 和欠电流继电器 KA 组成。当电磁吸盘从吸合状态变为放松状态的瞬间，由于电磁吸盘的电感很大，线圈两端产生了很大的自感电动势。线圈产生很高的过电压，易将线圈的绝缘损坏，也将在转换开关 QS2 上产生电弧，使开关的触点损坏。放电电阻 R_3 的作用是在电磁吸盘断电瞬间给线圈提供放电通路，吸收线圈释放的磁场能量。

欠电流继电器 KA 的作用是防止电磁吸盘断电时工件因吸不牢而被高速旋转的砂轮碰击飞出的事故。其保护的原理是：当电磁吸盘的线圈断电或电流太小吸不住工件，则欠电流继电器 KA 释放，其常开触点 KA（3-4）断开，切断了 KM1、KM2 线圈回路，砂轮电动机 M1 和液压泵电动机 M3 立即停转，从而避免了发生事故。

电阻 R_1 与电容 C 并联组成阻容吸收电路，吸收电磁吸盘回路交流侧的过电压和直流侧通断时产生的浪涌电压，对整流器进行过电压保护。

熔断器 FU4 的作用是为电磁吸盘提供短路保护。

3）照明电路控制。照明变压器 T2 将 380V 的交流电压降为 24V 的安全电压供给照明电路。EL 为照明灯，一端接地，另一端由开关 SA2 控制，FU3 为照明电路的短路保护。

（二）电气故障检修方法——观察法

尽管对电气设备采取了日常维护保养工作，降低了电气故障的发生率，但电气故障的发生还是不可避免。因此，维修电工不但要掌握电气设备的日常维护保养，而且要学会正确的检修方法。下面介绍电气故障发生后的一般分析和检修方法。

（1）检修前的故障调查　当工业机械发生电气故障后，切忌盲目动手检修。在检修前，通过问、看、听、摸来了解故障前后的操作情况和故障发生后出现的异常现象，以便根据故障现象判断出故障发生的部位，进而准确地排除故障。

（2）观察法

1）观察法检修要点。

①问：询问操作者故障前后电路和设备的运行状况及故障发生后的症状，如故障是经常发生还是偶尔发生；是否有响声、冒烟、火花、异常振动等现象；故障发生前有无切削力过大和频繁地起动、停止、制动等情况；有无经过保养检修或改动线路等。

②看：查看故障发生前是否有明显的征兆，如各种信号；有指示装置的熔断器的情况；保护电器脱扣动作；接线脱落；触点烧蚀或熔焊；线圈过热烧毁等。

③听：在电路还能运行和不扩大故障范围、不损坏设备的前提下，可通电试车，仔细听电动机、接触器和继电器等电器的声音是否正常。

④摸：在刚切断电源后，尽快触摸检查电动机、变压器、电磁线圈及熔断器等，看是否有过热现象。

使用观察法时要注意选择观察位置，先定点观察后动点观察，根据需要选择好对比点，并在观察中仔细比较。观察中应注重逻辑联系，由表窥里，由果究因，观察时可以随时做好记录，积累经验，不断培养观察能力，从根本上提高排除故障的能力。

2）观察法应用举例。以砂轮电动机 M1 过载故障为例，首先询问操作者砂轮电动机 M1 工作中有无异常声响和异常振动，结果是有异常；再仔细察看砂轮电动机 M1 是否有频繁地起动、停止、制动等情况，是否负载过重，仔细察看电气控制箱内热继电器 FR1 是否动作，结果是电动机 M1 频繁起动且负载过重，FR1 热继电器动作保护；在刚切断电源后，尽快触摸砂轮电动机 M1 检查是否过热，结果是过热；最后确定砂轮电动机 M1 过载。手动复位 FR1 后通电试车，仔细听电动机声音是否正常，答案是正常，故障修复。

八、素养加油站

勇攀高峰

勇攀高峰，比喻不怕困难，勇往直前。它不是一句空洞的口号，而是凝聚着理想、胆识、坚韧和超越的人生境界。杰出的工匠，都有敢为人先、勇攀高峰的气魄。他们立足生产一线技改需求，发奋攻坚，实干巧干，一步一个脚印走向成功，一次又一次地实现自我超越。

田志永，特变电工沈阳变压器集团公司（简称沈变公司）大型项目公司装配班班长，他用一双巧手，挑战不可能，勇攀新高峰，在不借助工具的情况下依靠双手完成了无数次的装配工作，为"中国制造"赢得美誉，为中国工匠赢得了尊重。图11-17为田志永工作时的情景。

图11-17　田志永工作时的情景

随着参与国际生产分工的加深，沈变公司开始与国际大牌企业进行技术合作，引进制造直流换流变压器。为了掌握最关键的变压器控制安装技术，田志永常常在下班后，留在安静寂寞的车间，独自研究控制箱里的秘密，他牺牲了大量的个人时间，潜心研究，勇挑重担，终于掌握了这种世界上最先进变压器的装配技术。

田志永发现：国外的装配技术在入炉前后，对变压器器身进行的两次预装可以合二为一。外国专家否定了田志永的建议："技术我负责，不能改！"田志永却勇敢自信地回应："技术你指导，装配我做主！"结果，按照田志永的方法，装配用时减少了6h。事实胜于雄辩，外国专家开始对田志永刮目相看。

近年来，田志永对变压器装配技术、程序和工艺实施了全面创新，独创了"优装法"，实现创新成果200多项，形成了一套属于中国人的装配核心技术。田志永的"优装法"，已装配了3600多台变压器，使每台产品平均节省6个工时，装配效率提高4倍，为企业直接创造经济效益5000多万元。

2009年年底，田志永团队接到一项紧急任务，维修四台法国制造的变压器。这项任务不仅技术复杂，而且每台机器只给7天的装配时间，是正常工期的一半。田志永没有退缩，他深知这可是打开又一个国外市场的机会，公司也把这项任务定为"一号工程"。面对这项几乎不可能完成的任务，田志永召集团队成员们针对重点和难点，召开了"诸葛亮会"，和时间赛跑，结果提前12h完成了任务。看到原来陈旧不堪的变压器焕然一新，国外客商代表惊讶地赞美："中国工人，真了不起！"

田志永的人生路，就是攀登一座座高峰的辉煌之路，这条路上布满了勇敢洒脱的脚印，绵延远方，一路向前。

习 题

一、填空题

1. MA1420A 型万能外圆磨床主要由_____、_____、_____、_____、_____、_____等部分构成。

2. MA1420A 型万能外圆磨床的主运动是_____运动，其辅助运动是_____运动。

3. 砂轮架做横向（径向）进给运动，工作台由_____和_____两种方式来实现纵向（轴向）往复运动。砂轮架和头架可回转，以实现微量进给。

4. 造成 MA1420A 型万能外圆磨床所有电动机不能正常工作的故障原因有_____、_____和_____等。

5. 头架电动机 M4 是_____电动机，需_____与_____控制。

二、判断题

1. MA1420A 型万能外圆磨床的主运动是砂轮架的快速进退运动。　　　　　　（　　）

2. 砂轮架和头架可回转，以实现微量进给。　　　　　　　　　　　　　　　（　　）

3. MA1420A 型万能外圆磨床的 M2 为液压泵电动机，只有在 M2 起动后，其他电动机才能起动。　　　　　　　　　　　　　　　　　　　　　　　　　　　　　　　（　　）

4. SB8 损坏，会造成 MA1420A 型万能外圆磨床头架电动机只能高速运转，无法低速运转。　　　　　　　　　　　　　　　　　　　　　　　　　　　　　　　　（　　）

5. 造成 MA1420A 型万能外圆磨床所有电动机不能正常工作的故障原因可能是主电路中存在断点。　　　　　　　　　　　　　　　　　　　　　　　　　　　　　　（　　）

三、问答题

1. MA1420A 型万能外圆磨床中电磁铁 YA 的作用是什么？

2. 简述 KA 中间继电器的作用。

3. 为什么头架电动机采用双速电动机？

4. MA1420A 型万能外圆磨床中电气控制电路具有哪些电气联锁措施？

5. 根据 MA1420A 型万能外圆磨床电气控制电路图，分析头架电动机的控制过程。

项目 12

XA6132 型万能铣床电气控制电路的故障诊断

项目 12

一、学习目标

1）熟悉 XA6132 型万能铣床的主要结构及电气控制要求，知道它的主要运动形式。
2）会正确识读 XA6132 型万能铣床电气控制电路图，并能说出电路的动作顺序。
3）能正确操作 XA6132 型万能铣床，能初步诊断电气控制电路的常见故障。
4）知道技能报国的精神内涵，并融入生产实践中，争做技能报国的时代工匠。

二、工作任务

某中等专业学校机械制造实训中心的一台 XA6132 型万能铣床的工作台不能正常进给，主轴有时也不能正常起动。实训中心根据本校学生已具备的普通机床的检修能力，将这次很好的实战机会（检修任务）交给了机电专业教研室邓老师。

图 12-1　XA6132 型万能铣床及铣削实训车间

在邓老师安排、组织下，机电专业学生接到任务后进行分组讨论，制定检修方案，实施任务，顺利通过实训中心设备管理部门的验收并交付使用。学习生产流程如图 12-2 所示。

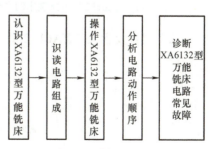

图 12-2　学习生产流程

三、生产领料

按表 12-1 到电气设备仓库领取施工所需的工具、设备及材料。

— 171 —

表 12-1 工具、设备及材料清单

序号	分类	名称	型号规格	数量	单位	备注
1	工具	常用电工工具		1	套	
2		万用表	MF47	1	只	

四、资讯收集

XA6132 型万能铣床是一种通用的多用途机床，主要用于对各种零件进行平面、斜面、螺旋面及成形表面的加工，它还可以加装万能铣头、分度头和圆工作台等机床附件来扩大加工范围。

1. 认识 XA6132 型万能铣床

（1）主要结构及运动形式　如图 12-3 所示，XA6132 型万能铣床主要由床身、主轴、悬梁、工作台、回转盘、溜板、升降台、底座等部分组成。床身内安装有主轴传动机构及主轴变速箱、进给变速箱。

铣床的主运动是主轴带动铣刀的旋转运动。进给运动是工作台在三个相互垂直方向上，即上下、左右（纵向）、前后（横向）的直线运动。辅助运动是工作台在三个相互垂直方向上的快速直线运动。XA6132 型万能铣床主要部件的运动形式如图 12-4 所示。

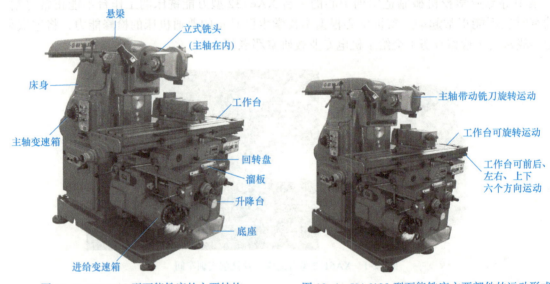

图 12-3　XA6132 型万能铣床的主要结构　　图 12-4　XA6132 型万能铣床主要部件的运动形式

（2）型号及含义　XA6132 型万能铣床的型号及其含义：

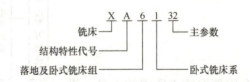

项目12　XA6132型万能铣床电气控制电路的故障诊断

（3）电力拖动的特点及控制要求　机床采用 AC 380V、50Hz 三相交流电源供电,并有保护接地措施。机床上共有三台电动机,M1 为主轴电动机,需正反转控制;M2 为进给电动机,也有正反两种运动形式;M3 为冷却泵电动机。其中 M2、M3 都必须在主轴电动机 M1 起动后方可起动。

2. 识读电路组成

图 12-5 为 XA6132 型万能铣床的电气控制电路图。

（1）主轴电动机、冷却泵电动机的控制电路　表 12-2 为主轴电动机、冷却泵电动机控制电路的组成及各元件的功能。

表 12-2　主轴电动机、冷却泵电动机控制电路的组成和各元件的功能

序号	电路名称	参考区号	电路组成	元件功能	备注
1	电源电路	1	QS	电源开关	
2	主电路	2	KA3 常开触点	控制冷却泵电动机运转	
3		2	M3	冷却泵电动机	
4		2	FR3 驱动元件	冷却泵电动机过载保护	
5		3	FU1	主轴、冷却泵电动机短路保护	
6		3	KM1 主触点	控制主轴电动机正转	
7		4	KM2 主触点	控制主轴电动机反转	
8		3	FR1 驱动元件	主轴电动机 M1 过载保护	
9		3	M1	主轴电动机	
10	控制电路	15	FU5	控制电路短路保护	
11		16	SB7、SB8	急停按钮	需人工复位
12		16	FR1	主轴电动机过载保护	
13		16	FR3	冷却泵电动机过载保护	
14		18	SB1、SB2	主轴电动机停止按钮	
15		18	SA2	主轴上刀制动开关	
16		18	SQ5	主轴变速冲动开关	
17		18	SA4	主轴换向转换开关	
18		20	SB3、SB4	主轴电动机起动按钮	
19		19	SA1	冷却泵电动机起动开关	

（2）进给电动机的控制电路　表 12-3 为进给电动机控制电路的组成及各元件的功能。

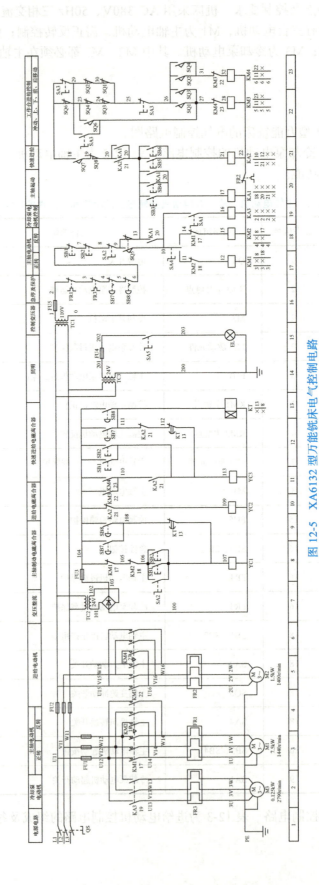

图 12-5 XA6132 型万能铣床电气控制电路

项目12　XA6132型万能铣床电气控制电路的故障诊断

表12-3　进给电动机控制电路的组成及各元件的功能

序号	电路名称	参考区号	电路组成	元件功能	备注
1	主电路	4	FU2	进给电动机短路保护	
2	主电路	5	KM3 主触点	控制进给电动机正转	
3	主电路	5	FR2 驱动元件	进给电动机 M2 过载保护	
4	主电路	6	KM4 主触点	控制进给电动机反转	
5	控制电路	21	KA1、KA2 常开触点	顺序控制	
6	控制电路	21	SQ7	右门防护联锁	分断
7	控制电路	21	SQ8	垂直安全互锁	
8	控制电路	22	SQ6	进给变速冲动	
9	控制电路	22	SA3	回转工作台控制开关	
10	控制电路	22、23	SQ1、SQ2	工作台向左、向右控制开关	
11	控制电路	22	SQ3	工作台向前、向下控制开关	
12	控制电路	23	SQ4	工作台向后、向上控制开关	

（3）快速进给及主轴制动的控制电路　表12-4为快速进给及主轴制动的控制电路的组成及各元件的功能。

表12-4　快速进给及主轴制动控制电路的组成及各元件的功能

序号	电路名称	参考区号	电路组成	元件功能	备注
1	电源电路	7	TC2	输出 24V 交流电压	
2	电源电路	7	桥式整流桥	将交流电转换为直流电	
3	电源电路	8	FU3	直流部分短路保护	
4	控制电路	8	KM1、KM2 常闭触点	制动与起动联锁	
5	控制电路	9	KT 延时常闭触点	控制紧急停止时制动时间	
6	控制电路	8	YC1	主轴制动离合器	
7	控制电路	21	SB5、SB6	快速进给按钮	
8	控制电路	10	KA2 常闭触点	进给、快速进给联锁	
9	控制电路	10	YC2	进给离合器	
10	控制电路	11	KA2 常开触点	快速进给中间控制	
11	控制电路	12	SB1、SB2 常开触点	停止时使进给为快速进给	使进给快速停止
12	控制电路	13	SB7、SB8 常开触点	紧急停止时进给制动	
13	控制电路	13	KT 线圈	控制紧急停止时制动时间	

（4）照明灯及其他电路　读者可根据电气控制电路图自行分析。

五、作业指导

1. 操作 XA6132 型万能铣床并分析电路动作顺序

（1）开车前的准备　合上电源开关 QS，再合上照明开关 SA5 后照明灯 EL 点亮。注意：

各操作手柄必须处于合理位置后方可进行下面的操作，选择好主轴转速。行程开关 SQ7 为右控制箱的门锁开关，一旦控制箱打开，进给电路就不得电。故打开电气控制箱，观察其内部元件动作状态时，必须借助外力使 SQ7（21 区）压合。其中部分按钮、开关如图 12-6 所示。

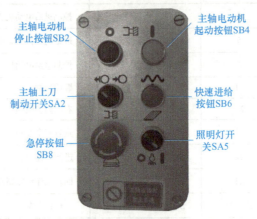

图 12-6 部分按钮、开关

（2）主轴电动机的控制

1）起动主轴电动机，观察其运行情况。其中部分开关如图 12-7 所示。图 12-8 为机床左电气控制箱。按表 12-5 的步骤逐项操作 XA6132 型万能铣床，观察主轴和电气控制箱内部电气元件的动作情况，并记录观察结果。

图 12-7 部分开关

图 12-8 机床左电气控制箱

表 12-5 主轴电动机 M1 的运行情况记录表

序号	操作内容	观察内容	正确结果	观察结果	备注
1	主轴停止时旋动主轴变速盘，以较快速度将手柄推回原位（SQ5 闭合后断开）	主轴	点动运转		
		KM1 或 KM2	吸合后释放		
2	将 SA4 置于正转或反转位置，按下 SB3 或 SB4	主轴	正转或反转		
		KA1	吸合		
		KM1 或 KM2	吸合		
3	按下 SB1 或 SB2	主轴	快速停止		
		KA1	释放		
		KM1 或 KM2	释放		
		YC1	先吸合，松开按钮后 YC1 复位		

（续）

序号	操作内容	观察内容	正确结果	观察结果	备注
4	主轴起动后按下 SB7 或 SB8	主轴	快速停止		
		KA1	释放		
		KM1 或 KM2	释放		
		YC1	吸合		
		KT	吸合		
5	延时 1s 后	主轴	已停止		
		KT	吸合		
		YC1	释放		
6	主轴起动后旋转 SA2	主轴	快速停止		
		KA1	释放		
		KM1 或 KM2	释放		
		YC1	吸合		

2）分析电路动作顺序。

① 主轴起动。先将 SA4 换向开关置于正转挡（17 区），SA4 常开触点（10-11）闭合（17 区），按下 SB3（20 区）→ SB3 常开触点闭合（20 区）→ KA1 线圈得电吸合（20 区）→ KA1 常开触点闭合（18、20、21 区）→ KM1 线圈得电吸合（17 区）→ KM1 主触点闭合（3 区）→ 主轴电动机 M1 正转（3 区）。

将 SA4 置于反转挡，动作顺序同 SA4 置于正转挡类似，按下 SB4（20 区）的动作顺序与按下 SB3 的类似，请读者自行分析。

② 主轴停止。按下 SB1（18 区）→ SB1 常闭触点断开（18 区）、SB1 常开触点闭合（8 区）→ KM1 线圈失电释放（17 区）、YC1 电磁离合器得电（8 区）→ 主轴电动机 M1 失电（3 区），主轴电动机 M1 制动（3 区）。

按下 SB2（18 区）的动作顺序同按下 SB1 的类似，请读者自行分析。

③ 主轴变速冲动。利用变速手柄与主轴变速冲动开关 SQ5 通过机械联动机构进行的瞬时点动控制。选好主轴转速，将变速手柄推入复位→ SQ5 瞬时压合（18 区）→ KM1（18 区）或 KM2（17 区）线圈瞬时得电→齿轮抖动啮合。

④ 主轴更换铣刀控制。将转换开关 SA2 扳向换刀位置（18 区）→ SA2 的常闭触点断开（18 区）→主轴无法起动，同时 SA2 的常开触点闭合（8 区）→电磁离合器 YC1 接通（8 区）→主轴电动机 M1 制动停转（3 区）。

⑤ 紧急停止。当机床控制部分出现紧急故障时，可按下急停按钮 SB7 或 SB8 切断全部控制电路，并自锁保持到故障排除，直至人工解锁后转入正常操作。急停按钮如图 12-9 所示。

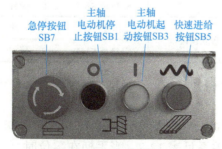

图 12-9　急停按钮

按下 SB7 或 SB8（17 区）→SB7 或 SB8 的常闭触点断开（17 区）→主轴电动机失电；同时 SB7 或 SB8 的常开触点闭合（9、13 区）→时间继电器 KT 线圈得电（13 区）、电磁离合器 YC1 得电吸合（8 区）→主轴电动机 M1 制动停转（3 区），延时时间到→时间继电器 KT 延时常闭触点断开（9 区）→电磁离合器 YC1 制动结束（8 区）。

（3）进给电动机的控制

1）起动进给电动机，观察其运行情况。如图 12-10 所示为进给操作手柄位置，图 12-11 为机床右电气控制箱。主轴起动后，使各进给操作手柄在原位，按表 12-6 操作，并记录观察结果。

图 12-10　进给操作手柄位置

图 12-11　机床右电气控制箱

表 12-6　进给电动机 M3 的运行情况记录表

序号	操作内容	观察内容	正确结果	观察结果
1	进给停止时旋转进给变速盘，选择进给速度，并迅速推回原位	工作台	瞬间抖动	
		KM3	瞬时得电	
2	扳动上下、前后进给操作手柄向前或向下	工作台	向前或向下	
		KM3	吸合	
3	扳动上下、前后进给操作手柄向后或向上	工作台	向后或向上	
		KM4	吸合	
4	扳动左右进给操作手柄向左或向右	工作台	向左或向右	
		KM3 或 KM4	吸合	
5	进给操作手柄扳到相应进给方向，按住 SB5 或 SB6	工作台	向指定方向快速进给	
		KA2	吸合	
		YC2	释放	
		YC3	吸合	
		KM3 或 KM4	吸合	
6	进给正常工作时按下主轴停止按钮	工作台	迅速停止	
		KM3 或 KM4	释放	

注意：进给到极限位置后会自动停止，操作时必须防止工件撞坏铣刀及其他部件。

2）分析电路动作程序。

① 工作台左右进给。左右进给操作手柄（又称纵向操作手柄）有三个位置：向左、向右、零位（停止），其位置与控制关系见表 12-7。当手柄在零位时，行程开关 SQ1 和 SQ2 均未被压合。

项目12 XA6132型万能铣床电气控制电路的故障诊断

表12-7 工作台左右进给手柄及其控制关系

手柄位置	行程开关状态	电动机M2转向	传动链搭合丝杠	工作台进给方向
左	SQ1压合	正转	左右进给丝杠	向左
零	无	停止	无	停止
右	SQ2压合	反转	左右进给丝杠	向右

工作台向左进给：将操作手柄扳到向左→行程开关SQ1被压合（22区）→SQ1常开触点闭合（22区）、SQ1常闭触点断开（23区）→KM3线圈得电吸合（22区）→KM3主触点闭合（5区）→进给电动机M2正转（5区）。由于在压合SQ1的同时，通过机械机构已将M2的传动链与工作台下面的左进给丝杠相搭合，所以电动机M2正转拖动工作台向左。当进给到达相应位置时，扳动左右操作手柄至零位，M2停转，工作台向左进给停止。

工作台向右进给：将操作手柄扳到向右，行程开关SQ2被压合（23区），其电路动作顺序与工作台向左进给类似，请读者自行分析。

② 工作台上下和前后进给。工作台的前后进给也称横向进给，它与工作台的上下进给一起由进给操作手柄（横向与垂直操作手柄）控制。该操作手柄有五个位置，即上、下、前、后、中，其控制关系见表12-8。

表12-8 工作台上下、前后进给操作手柄位置及其控制关系

手柄位置	行程开关状态	电动机M2转向	传动链搭合丝杠	工作台运动方向
上	SQ4压合	反转	上下进给丝杠	向上
下	SQ3压合	正转	上下进给丝杠	向下
中	无	停止	无	停止
前	SQ3压合	正转	前后进给丝杠	向前
后	SQ4压合	反转	前后进给丝杠	向后

工作台向下进给：将操作手柄扳到向下→SQ3常开触点闭合（22区）、SQ3常闭触点断开（22区）→KM3线圈得电吸合（22区）→KM3主触点闭合（5区）→进给电动机M2正转（5区）。由于在压合SQ3的同时，通过机械机构已将M2的传动链与升降台向下进给丝杠相搭合，所以电动机M2的正转拖动工作台向下。当进给到达相应位置时，扳动上下操作手柄至零位，M2停转，工作台向下进给停止。

工作台向上进给：将操作手柄扳到向上，行程开关SQ4被压合（23区），其电路动作顺序与工作台向下进给类似，请读者自行分析。

工作台上下进给保护：在操作上下、前后进给操作手柄时，上下传动链与上下进给丝杠搭合，SQ3（22区）或SQ4（22区）常闭触点分断实现与其他方向进给的联锁。

工作台的前后进给：当上下、前后进给操作手柄扳到向前或向后位置时，操作手柄压合SQ3或SQ4，同时传动链与前后进给丝杠搭合。工作台向前或向后进给，当进给到需要位置时将操作手柄扳到中间位置，SQ3或SQ4复位，电动机M2停转，进给停止。其电路动作顺序同上下动作顺序类似。

③ 进给变速冲动。与主轴变速时的冲动控制原理相似，在主轴起动、进给停止后进行进给变速，选择好进给速度后，将变速盘推回原位过程中瞬时压合行程开关SQ6。

SQ6的常开触点闭合（22区）、SQ6常闭触点断开（22区）→电流流经18号线—29号线—30号线—25号线—24号线—23号线—27号线—28号线→KM3线圈得电吸合（22区）→进给电动机M2瞬时得电（5区）→齿轮抖动啮合。

④ 工作台快速进给控制。在不进行铣削加工时，可由进给手柄与快速进给按钮配合实现快速进给，以节约时间。安装好工件后，扳动进给操作手柄选定进给方向。

按下快速进给起动按钮 SB5（21 区）或 SB6（21 区）→中间继电器 KA2 线圈得电吸合（21 区）→KA2 常闭触点断开（10 区）、KA2 的常开触点闭合（21 区）→电磁离合器 YC2 失电释放（10 区）→齿轮传动链与进给丝杠分离，KM3 或 KM4 线圈得电吸合（22、23 区）→KM3 或 KM4 常开辅助触点闭合（11 区），电磁离合器 YC3 得电吸合（11 区）→电动机 M2 得电正转或反转（5 区）→电动机 M2 与进给丝杠直接搭合，从而使工作台向选定方向快速进给。松开 SB5 或 SB6，快速进给停止。

⑤ 回转工作台控制。为了扩大铣床的加工范围，可在铣床工作台上安装附件——圆形工作台，对圆弧或凸轮的铣削加工。将 SA3 置于回转工作台位置（22 区）→电流流经 18 号线—23 号线—24 号线—25 号线 1—30 号线—29 号线—27 号线—28 号线→KM3 线圈得电吸合（22 区）→电动机 M2 得电正转（5 区），通过一根专用轴带动回转工作台做旋转运动。

（4）冷却泵电动机的控制

1）起停冷却泵电动机操作。主轴电动机起动后，按表 12-9 继续操作，并记录观察结果。

表 12-9　冷却泵电动机 M2 的运行情况记录表

序号	操作内容	观察内容	正确结果	观察结果
1	旋动 SA1	冷却泵	起动	
		KA3	吸合	
2	旋动 SA1 至原位	冷却泵	停止	
		KA3	释放	

2）冷却泵电动机及照明电路的动作顺序。主轴电动机 M1 和冷却泵电动机 M3 采用顺序控制，只有当 KA1 线圈得电（20 区），即主轴电动机起动后，KA3 线圈才能得电（19 区），冷却泵电动机 M3 才能起动；当主轴停止时，冷却泵电动机也同时停止，冷却泵电动机也可单独停止。

铣床照明电路由变压器 TC3 提供 24V 的安全电压，由开关 SA5 控制，熔断器 FU4 作为照明电路的短路保护。

2. 诊断 XA6132 型万能铣床的常见故障

（1）主轴不能正转起动

1）观察故障现象。按照表 12-10 逐次观察故障现象，并记录观察结果。

表 12-10　主轴不能正转起动的故障观察表

序号	故障点	观察现象			备注
		照明灯	主轴电动机	电气控制箱内部	
1	U12、V12 开路	点亮	不能正转起动	KM1 吸合	
2	SA4 损坏	点亮	不能正转起动	无动作	
3	KM2 常闭触点开路				
4	KM1 线圈损坏				
5	KM1 线圈的 0 号线开路				

2）分析故障现象。根据上述故障点及故障现象，可以分析出造成主轴不能正转起动的原因如下。

主电路：主电路中存在断点，U12、V12、W12、KM1主触点、U14、V14、W14断线或接线松脱以及元件损坏等。

控制电路：SA4、11号线、KM2常闭触点、12号线、KM1线圈、0号线断线或接线松脱以及元件损坏等。

3）诊断故障。教师设置故障，学生分组诊断故障。以表12-10中的故障点3为例，其诊断流程如图12-12所示。

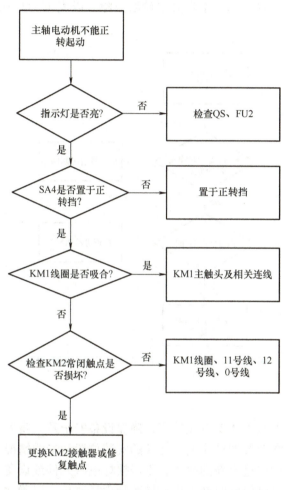

图12-12 表12-10中故障点3的故障诊断流程图

（2）工作台不能正常进给

1）观察故障现象。按照表12-11逐一观察故障现象，并记录观察结果。

表12-11 工作台不能正常进给的故障观察表

序号	故障点	观察现象	
		工作台	电气控制箱内部
1	SQ7常开触点不能压合	不能向任何方向进给	KM3或KM4不动作
2	FR2常闭触点开路		
3	SQ8上的20号线松脱		
4	FR2驱动元件开路	不能向任何方向进给	KM3或KM4吸合
5	电动机M2损坏		

2)分析故障现象。根据上述故障点及故障现象,可以分析出造成工作台不能正常进给的故障原因如下。

主电路:主电路中存在断点,电动机 M2、U15、V15、W15、U16、V16、W16、FR2 驱动元件、2U、2V、2W、断线或接线松脱以及元件损坏等。

控制电路:13 号线、20 号线、SQ8 常闭触点、19 号线、SQ7 常开触点、18 号线、22 号线、FR2 常闭触点、0 号线断线或接线松脱以及元件损坏等。

3)诊断故障。教师设置故障,学生分组诊断故障。以表 12-11 中的故障点 2 为例,其诊断流程如图 12-13 所示。

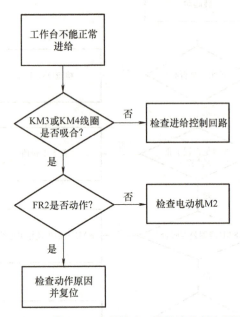

图 12-13 表 12-11 中故障点 2 的故障诊断流程图

3. 操作要点

1)按步骤正确操作 XA6132 型万能铣床,确保设备安全及人身安全。
2)注意观察 XA6132 型万能铣床电气元件的安装位置和走线情况。
3)严禁扩大故障范围或造成新的故障,不得损坏电气元件或设备。
4)停电后要验电,带电检修时必须由指导教师现场监护,以确保用电安全。

六、质量评价

机床故障诊断评价标准见表 12-12。

表 12-12 机床故障诊断评价标准表

项目内容	配分	评分标准	扣分	得分
故障现象	10	不能熟练操作机床,扣 5 分		
		不能确定故障现象,提示一次扣 5 分		
故障范围	20	不会分析故障范围,提示一次扣 5 分		
		故障范围错误,每处扣 5 分		

（续）

项目内容	配分	评分标准	扣分	得分
故障检测	40	停电不验电，扣5分		
		工具和仪表使用不当，每次扣5分		
		检测方法、步骤错误，每次扣5分		
		不会检测，提示一次扣5分		
故障修复	30	不能查出故障点，提示一次扣10分		
		查出故障点但不会排除，扣10分		
		造成新的故障或扩大故障范围，扣30分		
安全文明生产		违反安全文明生产操作规程，扣5～50分		
定额时间 30min		不允许超时检查，修复过程中允许超时，每超时5min扣5分		
开始时间			结束时间	

七、拓展提高

（一）XA5032型立式升降台铣床电气控制电路

立式升降台铣床的主轴锥孔可直接或通过附件安装各种圆柱铣刀、圆片铣刀、角度铣刀、成形铣刀、端面铣刀等刀具，用以加工各种平面、斜面、沟槽、齿轮等。根据需要配用不同的铣床附件，还可以扩大使用范围。配用分度头，可铣切直齿齿轮和铰刀等零件，分度由分度头来完成。如在配用分度头的同时，把分度头的传动轴与工作台纵向丝杠用挂轮联系起来，还可铣切螺旋面。机床配用圆工作台，可以铣切凸轮及弧形槽。机床的铣头可以进行顺时针或逆时针调整，其调整范围为±45°。

1. 主要结构及运动形式

如图12-14所示，XA5032型立式升降台铣床主要由床身、主轴传动、立铣头、主变速箱、进给变速箱等部分组成。床身中部左右两侧开有两个方形窗口，左边装置主传动变速操纵箱，右边作为检查调整用，上面安有可卸盖板。主轴传动机构的五根传动轴及齿轮系安装在床身内部，由一个功率为7.5kW的法兰盘式电动机拖动，电动机通过弹性联轴器与I轴相连，I轴另一端装有制动电磁离合器，使主轴制动迅速、平稳、可靠。

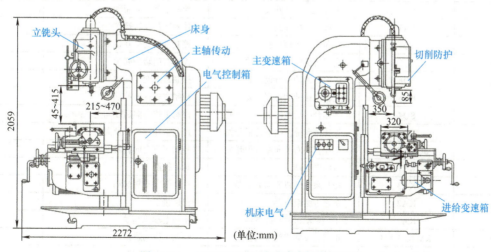

图12-14 XA5032型立式升降台铣床的结构

铣床的主运动是主轴带动铣刀的旋转运动。升降台运动包括升降台上部使工作台实现横向（Y）移动的矩形导轨，升降台的垂向（Z）运动由立滚珠丝杠来完成。升降台前部装有 Z 向手动手柄及 Y 向手动可折叠手柄的手轮，可进行 Z 向、Y 向手动调整。Z 向、Y 向均为既可机动又可手动，且手动、机动是互锁的。工作台部件装在升降台上部，工作台底座下面与升降台由矩形导轨连接，靠滚珠丝杠副带动，以实现工作台部件的横向（Y）运动。工作台底座上面与工作台由燕尾导轨连接，靠滚珠丝杠副带动，实现工作台纵向（X）运动，燕尾导轨的配合间隙，用一根楔条来调整。

2. 电路组成及其动作顺序

（1）电路组成　如图 12-15 所示为 XA5032 型立式升降台铣床电气控制电路图，其电路组成及各元件的功能见表 12-13。

表 12-13　XA5032 型立式升降台铣床电路组成及各元件的功能

序号	元件符号	元件名称	元件功能	备注
1	EL1	机床照明灯	工作照明	
2	VC1	整流机	输出直流电压	
3	TC3	照明变压器	降压	
4	TC2	整流变压器	降压	
5	TC1	控制变压器	降压	
6	YC3	快速离合器	快速离合器	
7	YC2	进给离合器	进给离合器	
8	YC1	主轴制动离合器	主轴制动离合器	
9	SB7、SB8	急停按钮	急停	
10	SB5、SB6	按钮	快速进给	
11	SB3、SB4	按钮	主轴起动	
12	SB1、SB2	按钮	主轴停止	
13	QF5～QF11	断路器	控制电源	
14	QF3	冷却泵电动机断路器	控制冷却泵电动机	
15	QF2	进给电动机断路器	控制进给电动机	
16	QF1	主轴电动机断路器	控制主轴电动机	
17	QS	总电源空气开关	引入电源	
18	SA6	机床照明灯开关	控制机床照明	
19	SA4	主轴换向转换开关	控制主轴换向	
20	SA3	回转工作台转换开关	控制回转工作台	
21	SA2	主轴上刀制动开关	控制主轴上刀制动	
22	SA1	冷却泵转换开关	控制冷却泵转换	
23	SQ8	垂向安全互锁行程开关	控制垂向安全互锁	
24	SQ7	右门防护联锁行程开关	控制右门防护联锁	
25	SQ6	进给变速冲动行程开关	控制进给变速冲动	
26	SQ5	主轴变速冲动行程开关	控制主轴变速冲动	
27	SQ4	工作台后及向上行程开关	控制工作台向后及向上	
28	SQ3	工作台前及向下行程开关	控制工作台向前及向下	
29	SQ1、SQ2	工作台向右及向左行程开关	控制工作台向右及向左	
30	KT1	时间继电器	延时控制	
31	KA3	冷却泵电动机起动继电器	冷却泵电动机起动	
32	KA2	快速进给继电器	快速进给	
33	KA1	主轴电动机起动继电器	主轴电动机起动	
34	KM3、KM4	正向、反向进给接触器	正向、反向进给	
35	KM1、KM2	主轴电动机起动接触器	主轴电动机起动	

项目12 XA6132型万能铣床电气控制电路的故障诊断

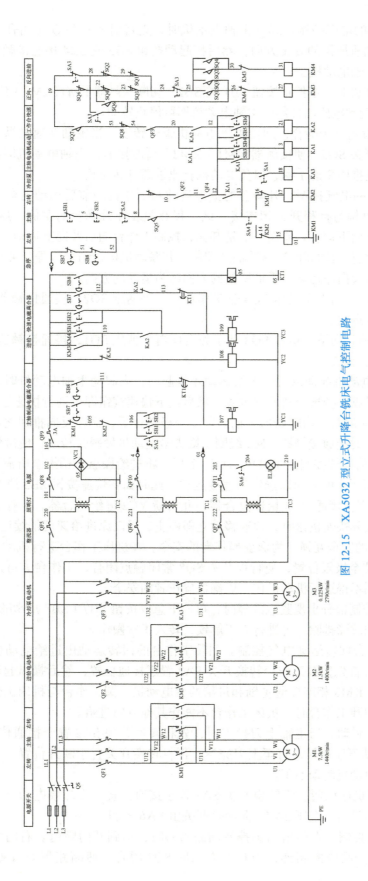

图12-15 XA5032型立式升降台铣床电气控制电路

（2）动作顺序

1）主轴运动的电气控制。起动主轴电动机时，先将引入开关 QF1 闭合，再将换向开关 SA4 转到主轴电动机所需的旋转方向，然后按起动按钮 SB3 或 SB4 接通接触器 KM1（KM2）线圈，即可起动主轴电动机。

停止主轴电动机时，按停止按钮 SB1 或 SB2，切断接触器 KM1（KM2）线圈的供电电路，并接通 YC1 主轴制动电磁离合器，主轴电动机即可停止转动。

为了变速时齿轮易于啮合，须使主轴电动机瞬时转动，当主轴变速操纵手柄推回原来位置时，压下行程开关 SQ5，使接触器 KM1（KM2）瞬时接通，主轴电动机即做瞬时转动，应以连续较快的速度推回变速手柄，以免电动机转速过高打坏齿轮。

2）进给运动的电气控制。升降台的上下运动和工作台的前后运动完全由操纵手柄来控制，手柄的联动机构与行程开关相连接，该行程开关装在升降台的左侧，后面一个是 SQ3，控制工作台向前及向下运动，前面一个是 SQ4，控制工作台向后及向上运动。

① 工作台的左右运动亦由操纵手柄来控制，其联动机构控制着行程开关 SQ1 和 SQ2，分别控制工作台向右及向左运动，手柄所指的方向即为运动的方向。

② 工作台向后、向上手柄压 SQ4 及工作台向左手柄压 SQ2，接通接触器 KM4 线圈，即按选择方向做进给运动。

③ 工作台向前、向下手柄压 SQ3 及工作台向右手柄压 SQ1，接通接触器 KM3 线圈，即按选择方向做进给运动。

只有在主轴电动机起动以后，进给运动才能起动，未起动主轴电动机时，可进行工作台快速运动，即将操纵手柄选择到所需位置，然后按下快速按钮即可进行快速运动。

④ 变换进给速度时，当蘑菇形手柄向前拉至极端位置，而在反向推回之前，借孔盘推动行程开关 SQ6，瞬时接通接触器 KM3 线圈，则进给电动机做瞬时转动，使齿轮容易啮合。

3）快速行程的电气控制。主轴电动机起动后，将进给操纵手柄推至所需要的位置，则工作台就开始按手柄所指的方向以选定的速度运动，此时如将快速按钮 SB5 或 SB6 按下，将接通继电器 KA2 线圈，接通 YC3 快速离合器，并切断 YC2 进给离合器，工作台即按原运动方向做快速移动，放开快速按钮时，快速移动立即停止，仍以原进给速度继续运动。

4）机床进给的安全互锁。为保证操作者的安全，在机床工作台进行机动工作时，首先应将 Z 向手柄向外拉至极限位置，使行程开关 SQ8 常闭触点闭合，工作台方可进行 X、Y、Z 向的机动运行，否则不得进行机动操作，以确保操作者的安全。

另外，机床控制部分出现紧急故障时，可按下急停按钮 SB7（SB8），切断全部控制电路，并自锁保持，直到故障排除，再进行人工解锁，转入正常操作。

5）回转工作台回转运动电气控制。回转工作台的回转运动由进给电动机经传动机构驱动，使用圆工作台首先把圆工作台转换开关 SA3 置于接通位置，然后操纵起动按钮，则接触器 KM1（KM2）、KM3 相继接通主轴和进给两台电动机。圆工作台与机床工作台的控制具有电气互锁，在使用圆工作台时，机床工作台不能作其他方向进给。

6）主轴上刀制动。当主轴上刀换刀时，先将转换开关 SA2 置于接通位置，然后换刀，此时主轴已被制动不能旋转，直至上刀完毕，再将转换开关置于断开位置，主轴电动机方可起动，否则主轴电动机起动不了。

7）冷却泵与机床照明。将转换开关 SA1 置于接通位置，冷却泵电动机即行起动。机床照明由照明变压器供给，电压 24V，照明灯开关由 SA6 控制。

8）开门断电控制。左门由门锁控制断路器 QF1，达到开门断电。右门中行程开关 SQ7 与断路器 QF1 的分励线圈相连，当打开右门时 SQ7 闭合，使断路器 QF1 断开，达到开门断电。

（二）电气故障检修方法——万用表电阻法

（1）万用表电阻法介绍　万用表电阻法测量故障的方法是一种常用的寻找电气故障的方法，这种方法安全有效。在测量检查时，首先切断电源，然后将万用表的转换开关置于倍率适当的电阻挡，并逐段测量电路。如果测得某两点间电阻值很大（∞），即说明该两点间接触不良或导线断路。如果测得电气元件电阻值与正常值不同，即说明元件有损坏。如果测得某两点间电阻值很小（0），即说明该两点间有短路或导通。

在用电阻法测量时，一定要先切断电源，测量时注意所测电路要与其他电路断开，否则所测电阻值不准确。测量电气元件的电阻时，要选择适当的倍率挡位，保证测量的准确性。

（2）万用表电阻法检修举例　以工作台向上、向后、向左不能进给的故障为例。

1）首先操作机床，观察故障现象，发现工作台向上、向后、向左不能进给，其他功能正常，发现电气控制箱内 KM4 线圈不能吸合。

2）分析故障范围，应该是 26 号线、31 号线、32 号线、22 号线、KM3 常闭触点、KM4 线圈。

3）切断电源，将万用表的转换开关置于倍率 $R \times 100\Omega$ 挡，测量方法见图 12-16，红表笔接 22 号线不动，黑表笔分别接 31 号线和 32 号线进行测量。第一次测量电阻值为 ∞，说明 31 号线、32 号线、22 号线、KM3 常闭触点、KM4 线圈有断路。缩小测量范围，第二次测量电阻值为 600Ω，说明 32 号线、KM4 线圈、22 号线正常。KM3 常闭触点断路，检查 KM3 接触器发现常闭触点损坏。

4）更换相同型号的 KM3 接触器，通电试车正常。

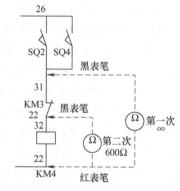

图 12-16　万用表电阻法测量示意图

八、素养加油站

技能报国

大国工匠都有浓烈的家国情怀，他们用辛勤的劳动、精湛的技艺和不懈的进取，为祖国的富强、民族的复兴默默奋斗着，他们贡献力量，创造价值，用辉煌的业绩谱写了一曲又一曲技能报国的动人赞歌。技能报国，国家富强，需要无数的大国工匠和他们的团队在各自的岗位上镌刻自己的理想，描摹祖国的梦想。和松云和他的队友们就是这样一群光明的使者，电力线路上的辛勤筑梦人。

在云南省迪庆藏族自治州香格里拉地区，架设着全国海拔最高的 500kV 超高压输电线路，这也是我国"西电东送"的重要通道。守护这条电力大动脉的工人们，被称为"海拔最高的光明守望者"。

和松云已有多年的电路巡检工作经历，能驾轻就熟地处理各种电路突发情况。但在平均海拔 3500 多米的迪庆，巡检工作并非易事，山路陡峭、高原反应、大风呼啸、寒冷干燥的多重夹击，使得 2h 的巡查工作变得异常艰难。

除了自然环境因素，电流对身体的伤害是最大的挑战。有时为了不影响重要线路正常供电，和松云和他的队友们要在不断电的情况下冲进强电场内，带电检修七八个小时，高空作业和路面巡查双管齐下，更是让他们忙得精疲力竭。图 12-17 为和松云和他的队友们在巡检电路。

图 12-17　和松云和他的队友们在巡检电路

四月，云南迪庆进入雨季，气候复杂多变，自然灾害造成的线路断股和部件老化经常引发断电跳闸。为了保障线路安全通畅，不影响老百姓用电，无论天气如何，和松云和他的队员都要上山巡查。巡线员们每天要爬七八小时的山，一次巡查的线路要经过高山、草甸、雪山，从海拔 1500m 上升到 5000m，最长的一段要 15 天以上才能走完。观察每座塔基、每条电缆，保障电路稳定运行，和松云一个月里有 26 天都得去巡线。

寒来暑往，他们渐渐成为这些大山的一部分，在荒无人烟的深山峡谷里，默默守望着远处乡村和城市的光明。79 位线路运维工人，72 条主网输电线路，23870km² 的电路覆盖区，迪庆 37 万居民的光明有了保障。作为我国"西电东送"的南部重要通道，这些线路还将当地富余的清洁能源输送到需求量更大的广西、广东、海南等地，惠及超过 5 亿人。

技能，浸润人生；报国，升华人生。大国工匠们无私的奉献精神化作如丝的春雨，播撒到祖国的每一个角落，为安居乐业、国泰民安画上了浓墨重彩的温暖音符。

习　题

一、填空题

1. 铣床的主运动是_____运动。进给运动是_____运动。

2. 铣削加工是一种不连续的切削加工方式，为减小振动，主轴上装有_____，但这样造成主轴停车困难，为此主轴电动机采用_____制动以实现准确停车。

3. XA6132 型万能铣床的主运动和进给运动都是通过_____来进行变速的，为保证变速后齿轮能良好啮合，XA6132 万能铣床主轴和进给变速后，都要求电动机做_____，即_____。

4. XA6132 型万能铣床工作台能在_____、_____和_____六个方向上进给。

5. XA6132 型万能铣床在加工过程中不需要频繁变换主轴旋转的方向，因此用_____来控制主轴电动机的正反转。

二、判断题

1. XA6132型万能铣床的顺铣和逆铣加工是由主轴电动机M1的正反转来实现的。（　　）

2. 为了提高工作效率，XA6132型万能铣床要求主轴和进给电动机能同时起动和停止。（　　）

3. XA6132型万能铣床的三台电动机中的任意一台过载，三台电动机将都同时停止工作。（　　）

4. XA6132型万能铣床进给变速冲动控制也是通过变速手柄与冲动位置开关SQ配合实现的。（　　）

5. 回转工作台工作时，允许工作台有六个方向的进给运动。（　　）

三、选择题

1. XA6132型万能铣床的主轴电动机M1要求正反转，不用接触器控制而用组合开关控制，是因为（　　）。

 A. 接触器易损坏　　　　　　B. 正反转不频繁

 C. 操作方便

2. XA6132型万能铣床主轴电动机M1的制动采用（　　）。

 A. 反接制动　　　　　　　　B. 电磁抱闸制动

 C. 电磁离合器制动

3. XA6132型万能铣床如果主轴未起动，那么工作台（　　）。

 A. 不能有任何进给　　　　　B. 可以进给

 C. 可以快速进给

4. 当左右进给操作手柄扳向右端时，将压合行程开关（　　）。

 A. SQ1　　　B. SQ2　　　C. SQ3　　　D. SQ4

 E. SQ5　　　F. SQ6

5. XA6132型万能铣床工作台的进给和快速移动，必须在主轴起动后才允许进行，这是为了（　　）。

 A. 安全需要　　　　　　　　B. 加工工艺的需要

 C. 电路安装的需要

四、问答题

1. 简述XA6132型万能铣床中主轴变速冲动和制动的控制过程。

2. XA6132型万能铣床电气控制电路中有哪些联锁保护？

3. 简述XA6132型万能铣床工作台快速进给的控制过程。

4. 试用流程图对"XA6132型万能铣床工作台不能快速进给"这种故障进行简单诊断。

5. XA6132型万能铣床的主要运动形式有哪些？

附 录

附录 A

电工中级操作技能考核试卷

一、操作技能考核试卷 1

（一）技能考核准备通知单（考场）

1. 材料准备

序号	名称	型号与规格	单位	数量	备注
1	三相四线电源	～3×380V/220V、20A	处	1	
2	断路器	500V/3P 25A	只	1	
3	笼型异步电动机	三相380V，<3kW 或自定	台	1	
4	配线板	500mm×600mm×20mm	块	1	
5	交流接触器	10～25A，线圈电压380V	只	2	
6	热继电器	JR36-20/3；整定电流6.8～11A	只	1	
7	熔断器及熔管	RL1-15/15	套	3	
8	熔断器及熔管配套	RL1-15/4	套	2	
9	三联按钮	LA10-3H 或 LA4-3H	个	2	
10	行程开关	LX19-111	只	4	
11	接线端子排	500V、10A、15节或配套自定	条	2	
12	木螺钉	$\phi3×20mm$；$\phi3×15mm$	个	20	
13	平垫圈	$\phi4mm$	个	20	
14	铜导线	BV-2.5mm^2，颜色自定	m	20	
15	铜导线	BV-1.5mm^2，颜色自定	m	20	
16	铜导线	BVR-0.75mm^2，颜色自定	m	5	
17	异型塑料管	$\phi3mm$	m	0.2	

2. 工具、仪器、仪表准备

序号	名称	型号与规格	单位	数量	备注
1	电工常用工具	验电笔、钢丝钳、螺钉旋具（一字形和十字形）、电工刀、尖嘴钳、活扳手、剥线钳、编码笔等	套	1	
2	万用表	自定	块	1	
3	绝缘电阻表	型号自定，或500V、0～200MΩ	台	1	
4	钳形电流表	0～50A	块	1	
5	劳保用品	绝缘鞋、工作服等	套	1	

3. 考场要求

1）考场每个考位至少保证 2m² 面积，每个考位有固定台面，台面右上角贴有考号，考场采光良好（工作面照度不低于 100lx），不足部分采用照明补充。

2）考场应干净整洁，无环境干扰，空气新鲜，有防火措施。考前由考务人员检查考场各考位应准备的材料、设备、工具是否齐全，所贴考号是否有遗漏。

3）以上材料准备和工具、仪器、仪表准备的数量供单套或单人使用，考场准备时，应根据学生实际人数准备总数量。

（二）技能考核试题：位置控制和自动往复控制电路的安装

1. 本题分值：100 分

2. 考核时间：120min

3. 考核形式：现场操作

4. 具体考核要求

安装和调试位置控制和自动往复电气控制电路，如图 A-1 所示。

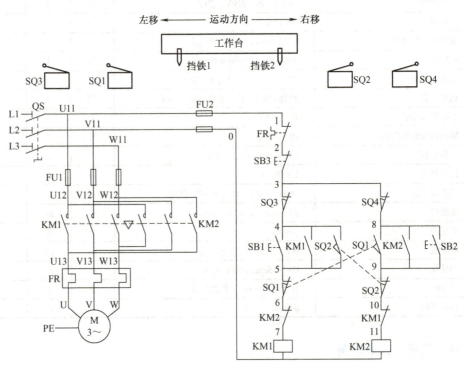

图 A-1　位置控制和自动往复电气控制电路

1）根据图 A-1 电路图及电动机功率大小（考评员给定）选择电器元件，并填写电器元件清单。

2）图 A-1 中，SQ1(SQ2) 为左（右）限位，控制工作台的自动往复，SQ3(SQ4) 为左（右）极限限位。

3）按图样正确熟练地安装电路。

① 元件在配线板上布置要合理，安装要正确、紧固。

② 布线要求横平竖直，应尽量避免交叉跨越，接线紧固、美观。

③电源和电动机配线、按钮接线要接到端子排上,要按图样对线号进行标号。

4)通电调试,实现控制要求。

5)正确使用电工工具及仪表。

6)安全、文明、规范操作。

7)通电调试时,注意人身安全。

5. 否定项说明

违反安全文明生产规定每一项从总分中扣除 2 分;发生重大事故者立即取消考试资格且总分为 0 分。

6. 电气材料清单

电路名称_____

电动机型号_____

得分_____

序号	符号	名称	型号	规格	数量	备注
1						
2						
3						
4						
5						
6						
7						
8						
9						
10						
11						
12						
13						
14						
15						
16						
17						
18						

考评员_____

日期:　　年　　月　　日

(三)技能考核评分记录表

开始时间_____　结束时间_____

序号	考核内容	考核要求	评分标准	配分	得分
1	电器元件选择	掌握电器元件的选择方法	1.接触器、熔断器、热继电器选择不对,每项扣4分 2.电源开关、按钮、辅助继电器、接线端子、导线选择不对,每项扣2分	20	
2	元件安装	1.按图样的要求,正确使用工具和仪表,熟练地安装电器元件 2.元件在配电板上布置要合理,安装要准确、紧固	1.元件布置不整齐、不合理,每只扣2分 2.元件安装不牢固、安装元件时漏装螺钉,每只扣2分 3.损坏元件,每只扣4分	10	
3	布线	1.接线要求美观、紧固 2.电源和电动机配线、按钮接线要接到端子排上	1.布线不美观,主电路、控制电路,每根扣2分 2.接点松动、接头露铜过长、反圈、压绝缘层,标记线号不清楚、遗漏或误标,每处扣2分 3.损伤导线绝缘或线芯,每处扣2分	30	
4	通电试验	在保证人身和设备安全的前提下,通电试验一次成功	1.设定时间继电器及热继电器整定值错误,各扣5分 2.主、控电路配错熔管,每个扣5分 3.在考核时间内,一次试车不成功扣15分;两次试车不成功扣30分	40	
5	安全文明生产	按国家颁布的安全生产或企业有关规定考核	本项为否定项(见考题)		
备注			合计	100	
考评员签字				年　月　日	

二、操作技能考核试卷2

(一)技能考核准备通知单(考场)

1.材料准备

序号	名称	型号与规格	单位	数量	备注
1	三相四线电源	~3V×380V/220V、20A	处	1	
2	笼型异步电动机	三相380V,<3kW	台	1	
3	配线板	500mm×600mm×20mm	块	1	
4	断路器	500V/3P 25A	只	3	
5	交流接触器	10~25A,线圈电压380V	只	2	
6	热继电器	JR36-20/3,整定电流6.8~11A	只	1	
7	熔断器及熔管	RL1-15/15	套	3	
8	熔断器及熔管配套	RL1-15/4	套	6	
9	三联按钮	LA10-3H 或 LA4-3H	个	2	
10	控制变压器	BK-500 AC 380V/110V	只	1	

（续）

序号	名称	型号与规格	单位	数量	备注
11	整流桥堆	500V/10A	只	1	
12	可调电位器	1000W/5Ω	只	1	
13	时间继电器	断电延时型（带瞬时闭合、延时断开的动断触点），AC 380V	套	1	
14	接线端子排	500V、10A、15节或配套自定	条	2	
15	木螺钉	$\phi 3 \times 20$mm, $\phi 3 \times 15$mm	个	20	
16	平垫圈	$\phi 4$mm	个	20	
17	铜导线	BV–2.5mm^2，颜色自定	m	20	
18	铜导线	BV–1.5mm^2，颜色自定	m	20	
19	铜导线	BVR–0.75mm^2，颜色自定	m	5	

2. 工具、仪器、仪表准备

序号	名称	型号与规格	单位	数量	备注
1	电工通用工具	验电笔、钢丝钳、螺钉旋具（一字形和十字形）、电工刀、尖嘴钳、活扳手、剥线钳、编码笔等	套	1	
2	万用表	自定	块	1	
3	绝缘电阻表	型号自定，或500V、0～200MΩ	台	1	
4	钳形电流表	0～50A	块	1	
5	劳保用品	绝缘鞋、工作服等	套	1	

3. 考场要求

1）考场每个考位至少保证 2m^2 面积，每个考位有固定台面，台面右上角贴有考号，考场采光良好（工作面照度不低于 100lx），不足部分采用照明补充。

2）考场应干净整洁，无环境干扰，空气新鲜，有防火措施。考前由考务人员检查考场各考位应准备的材料、设备、工具是否齐全，所贴考号是否有遗漏。

3）以上材料准备和工具、仪器、仪表准备的数量供单套或单人使用，考场准备时，应根据学生实际人数准备总数量。

（二）技能考核试题：三相异步电动机能耗制动控制电路的安装

1. 本题分值：100 分

2. 考核时间：120min

3. 考核形式：现场操作

4. 具体考核要求

安装和调试三相异步电动机能耗制动电气控制电路，如图 A-2 所示。

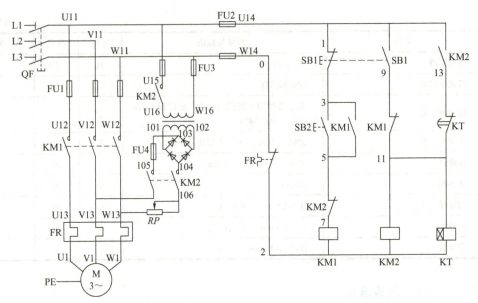

图 A-2　三相异步电动机能耗制动电气控制电路

1）根据图 A-2 及电动机功率大小（考评员给定）选择电器元件，并填写电器元件清单。
2）按图样正确熟练地安装电路。
① 元件在配线板上布置要合理，安装要正确、紧固。
② 布线要求横平竖直，应尽量避免交叉跨越，接线紧固、美观。
③ 电源和电动机配线、按钮接线要接到端子排上，要按图样对线号进行标号。
3）通电调试，实现控制要求。
4）正确使用电工工具及仪表。
5）安全、文明、规范操作。
6）通电调试时，注意人身安全。

5. 否定项说明

违反安全文明生产规定每一项从总分中扣除 2 分；发生重大事故者立即取消考试资格且总分为 0 分。

6. 电气材料清单

电路名称_____
电动机型号_____

得分_____

序号	符号	名称	型号	规格	数量	备注
1						
2						
3						
4						
5						
6						
7						
8						

（续）

序号	符号	名称	型号	规格	数量	备注
9						
10						
11						
12						
13						
14						
15						
16						
17						
18						

考评员_____

日期：　　年　　月　　日

（三）技能考核评分记录表

开始时间_____　　结束时间_____

序号	考核内容	考核要求	评分标准	配分	得分
1	电器元件选择	掌握电器元件的选择方法	1. 接触器、熔断器、热继电器选择不对，每项扣4分 2. 电源开关、按钮、辅助继电器、接线端子、导线选择不对，每项扣2分	20	
2	元件安装	1. 按图样的要求正确使用工具和仪表，熟练地安装电器元件 2. 元件在配电板上布置要合理，安装要准确、紧固	1. 元件布置不整齐、不合理，每只扣2分 2. 元件安装不牢固、安装元件时漏装螺钉，每只扣2分 3. 损坏元件，每只扣4分	10	
3	布线	1. 接线要求美观、紧固 2. 电源和电动机配线、按钮接线要接到端子排上	1. 布线不美观，主电路、控制电路，每根扣2分 2. 接点松动、接头露铜过长、反圈、压绝缘层，标记线号不清楚、遗漏或误标，每处扣2分 3. 损伤导线绝缘或线芯，每处扣2分	30	
4	通电试验	在保证人身和设备安全的前提下，通电试验一次成功	1. 设定时间继电器及热继电器整定值错误，各扣5分 2. 主、控电路配错熔管，每个扣5分 3. 在考核时间内，一次试车不成功扣15分；两次试车不成功扣30分	40	
5	安全文明生产	按国家颁布的安全生产或企业有关规定考核	本项为否定项（见考题）		
备注			合计	100	
考评员签字				年　月　日	

三、操作技能考核试卷 3

（一）技能考核准备通知单（考场）

1. 材料准备

序号	名称	型号与规格	单位	数量	备注
1	三相四线电源	～3×380V/220V、20A	处	1	
2	笼型异步电动机	三相380V，<3kW（△联结，6引出端）	台	1	
3	配线板	500mm×600mm×20mm	块	1	
4	断路器	500V/3P 25A	只	3	
5	交流接触器	10～25A，线圈电压380V	只	3	
6	过载继电器	JR36-20/3，整定电流6.8～11A	只	1	
7	熔断器及熔管	RL1-60/20	套	3	
8	熔断器及熔管配套	RL1-15/4	套	3	
9	三联按钮	LA10-3H 或 LA4-3H	个	2	
10	时间继电器	通电延时闭合型，AC 380V	套	1	
11	接线端子排	500V、10A、15节或配套自定	条	2	
12	木螺钉	$\phi 3\times 20mm$；$\phi 3\times 15mm$	个	20	
13	平垫圈	$\phi 4mm$	个	20	
14	铜导线	BV-2.5mm²，颜色自定	m	20	
15	铜导线	BV-1.5mm²，颜色自定	m	20	
16	铜导线	BVR-0.75mm²，颜色自定	m	5	

2. 工具、仪器、仪表准备

序号	名称	型号与规格	单位	数量	备注
1	电工通用工具	验电笔、钢丝钳、螺钉旋具（一字形和十字形）、电工刀、尖嘴钳、活扳手、剥线钳、编码笔等	套	1	
2	万用表	自定	块	1	
3	绝缘电阻表	型号自定，或500V、0～200MΩ	台	1	
4	钳形电流表	0～50A	块	1	
5	劳保用品	绝缘鞋、工作服等	套	1	

3. 考场要求

1）考场每个考位至少保证 2m² 面积，每个考位有固定台面，台面右上角贴有考号，考场采光良好（工作面照度不低于 100lx），不足部分采用照明补充。

2）考场应干净整洁，无环境干扰，空气新鲜，有防火措施。考前由考务人员检查考场各考位应准备的材料、设备、工具是否齐全，所贴考号是否有遗漏。

3）以上材料准备和工具、仪器、仪表准备的数量供单套或单人使用，考场准备时，应根据学生实际人数准备总数量。

（二）技能考核试题：三相异步电动机丫-△减压起动控制电路的安装

1. 本题分值：100 分

2. 考核时间：120min

3. 考核形式：现场操作

4. 具体考核要求

安装和调试三相异步电动机丫-△减压起动电气控制电路，如图 A-3 所示。

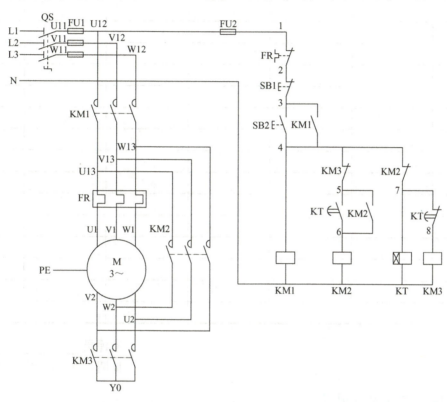

图 A-3　三相异步电动机丫-△减压起动电气控制电路

1）根据图 A-3 及电动机功率大小（考评员给定）选择电器元件，并填写电器元件清单。
2）按图样正确熟练地安装电路。
①元件在配线板上布置要合理，安装要正确、紧固。
②布线要求横平竖直，应尽量避免交叉跨越，接线紧固、美观。
③电源和电动机配线、按钮接线要接到端子排上，要按图样对线号进行标号。
3）通电调试，实现控制要求。
4）正确使用电工工具及仪表。
5）安全、文明、规范操作。
6）通电调试时，注意人身安全。

5. 否定项说明

违反安全文明生产规定每一项从总分中扣除 2 分；发生重大事故者立即取消考试资格且总分为 0 分。

6. 电气材料清单

电路名称＿＿＿＿＿＿＿＿＿＿

电动机型号＿＿＿＿＿＿＿＿＿＿

得分＿＿＿＿＿＿

序号	符号	名称	型号	规格	数量	备注
1						
2						
3						
4						
5						
6						
7						
8						
9						
10						
11						
12						
13						
14						
15						
16						
17						
18						

考评员＿＿＿＿＿＿＿＿＿＿

日期：　　　年　　月　　日

（三）技能考核评分记录表

开始时间＿＿＿＿＿＿　　结束时间＿＿＿＿＿＿

序号	考核内容	考核要求	评分标准	配分	得分
1	电器元件选择	掌握电器元件的选择方法	1. 接触器、熔断器、热继电器选择不对，每项扣 4 分 2. 电源开关、按钮、辅助继电器、接线端子、导线选择不对，每项扣 2 分	20	
2	元件安装	1. 按图样的要求，正确使用工具和仪表，熟练地安装电器元件 2. 元件在配电板上布置要合理，安装要准确、紧固	1. 元件布置不整齐、不合理，每只扣 2 分 2. 元件安装不牢固、安装元件时漏装螺钉，每只扣 2 分 3. 损坏元件，每只扣 4 分	10	
3	布线	1. 接线要求美观、紧固 2. 电源和电动机配线、按钮接线要接到端子排上	1. 布线不美观，主电路、控制电路，每根扣 2 分 2. 接点松动、接头露铜过长、反圈、压绝缘层，标记线号不清楚、遗漏或误标，每处扣 2 分 3. 损伤导线绝缘或线芯，每处扣 2 分	30	

（续）

序号	考核内容	考核要求	评分标准	配分	得分
4	通电试验	在保证人身和设备安全的前提下，通电试验一次成功	1. 设定时间继电器及热继电器整定值错误，各扣5分 2. 主、控电路配错熔管，每个扣5分 3. 在考核时间内，一次试车不成功扣15分；两次试车不成功扣30分	40	
5	安全文明生产	按国家颁布的安全生产或企业有关规定考核	本项为否定项（见考题）		
备注			合计	100	
考评员签字				年　月　日	

四、操作技能考核试卷4

（一）技能考核准备通知单（考场）

1. 材料准备

序号	名称	型号与规格	单位	数量	备注
1	三相四线电源	～3×380V/220V、20A	处	1	
2	笼型异步电动机	三相380V，<3kW（双速电动机，6引出端）	台	1	
3	配线板	500mm×600mm×20mm	块	1	
4	断路器	500V/3P 25A	只	3	
5	交流接触器	10～25A，线圈电压380V	只	3	
6	过载继电器	JR36-20/3，整定电流10～16A	只	1	
7	熔断器及熔管	RL1-60/20	套	3	
8	熔断器及熔管配套	RL1-15/4	套	3	
9	三联按钮	LA10-3H 或 LA4-3H	个	2	
10	时间继电器	断电延时断开型，AC 380V	套	1	
11	中间继电器	4常开4常闭，AC 380V	只	1	
12	接线端子排	500V、10A、15节或配套自定	条	2	
13	木螺钉	φ3×20mm；φ3×15mm	个	20	
14	平垫圈	φ4mm	个	20	
15	铜导线	BV-2.5mm^2，颜色自定	m	20	
16	铜导线	BV-1.5mm^2，颜色自定	m	20	
17	铜导线	BVR-0.75mm^2，颜色自定	m	5	
18	圆珠笔	自定	支	1	

2. 工具、仪器、仪表准备

序号	名称	型号与规格	单位	数量	备注
1	电工通用工具	验电笔、钢丝钳、螺钉旋具（一字形和十字形）、电工刀、尖嘴钳、活扳手、剥线钳、编码笔等	套	1	
2	万用表	自定	块	1	
3	绝缘电阻表	型号自定，或500V、0～200MΩ	台	1	
4	钳形电流表	0～50A	块	1	
5	劳保用品	绝缘鞋、工作服等	套	1	

3. 考场要求

1）考场每个考位至少保证 $2m^2$ 面积，每个考位有固定台面，台面右上角贴有考号，考场采光良好（工作面照度不低于100lx），不足部分采用照明补充。

2）考场应干净整洁，无环境干扰，空气新鲜，有防火措施。考前由考务人员检查考场各考位应准备的材料、设备、工具是否齐全，所贴考号是否有遗漏。

3）以上材料准备和工具、仪器、仪表准备的数量供单套或单人使用，考场准备时，应根据学生实际人数准备总数量。

（二）技能考核试题：双速电动机自动变速控制电路的安装

1. 本题分值：100 分

2. 考核时间：120min

3. 考核形式：现场操作

4. 具体考核要求

安装和调试双速电动机自动变速电气控制电路，如图 A-4 所示。

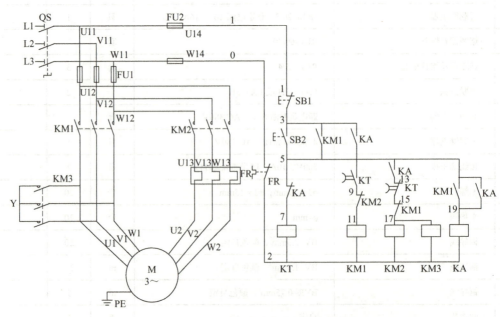

图 A-4　双速电动机自动变速电气控制电路

1）根据图 A-4 及电动机功率大小（考评员给定）选择电器元件，并填写电器元件清单。
2）按图样正确熟练地安装电路。
① 元件在配线板上布置要合理，安装要正确、紧固。
② 布线要求横平竖直，应尽量避免交叉跨越，接线紧固、美观。
③ 电源和电动机配线、按钮接线要接到端子排上，要按图样对线号进行标号。
3）通电调试，实现控制要求。
4）正确使用电工工具及仪表。
5）安全文明规范操作。
6）通电调试时，注意人身安全。

5. 否定项说明

违反安全文明生产规定每一项从总分中扣除 2 分；发生重大事故者立即取消考试资格且总分为 0 分。

6. 电气材料清单

电路名称_____

电动机型号_____

得分_____

序号	符号	名称	型号	规格	数量	备注
1						
2						
3						
4						
5						
6						
7						
8						
9						
10						
11						
12						
13						
14						
15						
16						
17						
18						

考评员_____

日期：　　　年　　　月　　　日

(三)技能考核评分记录表

开始时间_____ 结束时间_____

序号	考核内容	考核要求	评分标准	配分	得分
1	电器元件选择	掌握电器元件的选择方法	1.接触器、熔断器、热继电器选择不对,每项扣4分 2.电源开关、按钮、辅助继电器、接线端子、导线选择不对,每项扣2分	20	
2	元件安装	1.按图样的要求,正确使用工具和仪表,熟练地安装电器元件 2.元件在配电板上布置要合理,安装要准确、紧固	1.元件布置不整齐、不合理,每只扣2分 2.元件安装不牢固、安装元件时漏装螺钉,每只扣2分 3.损坏元件,每只扣4分	10	
3	布线	1.接线要求美观、紧固 2.电源和电动机配线、按钮接线要接到端子排上	1.布线不美观,主电路、控制电路,每根扣2分 2.接点松动、接头露铜过长、反圈、压绝缘层,标记号不清楚、遗漏或误标,每处扣2分 3.损伤导线绝缘或线芯,每处扣2分	30	
4	通电试验	在保证人身和设备安全的前提下,通电试验一次成功	1.设定时间继电器及热继电器整定值错误,各扣5分 2.主、控电路配错熔管,每个扣5分 3.在考核时间内,一次试车不成功扣15分;两次试车不成功扣30分	40	
5	安全文明生产	按国家颁布的安全生产或企业有关规定考核	本项为否定项(见考题)		
备注			合计	100	
考评员签字				年 月 日	

五、操作技能考核试卷5

(一)技能考核准备通知单(考场)

1. 材料准备

序号	名称	型号与规格	单位	数量	备注
1	M7130型平面磨床①	M7130型平面磨床或M7130型平面磨床模拟电气装置	台	1	
2	电路图	M7130型平面磨床电气控制电路图	套	1	
3	C6150型车床②	C6150型车床或C6150型车床模拟电气装置	台	1	
4	电路图	C6150型车床电气控制电路图	套	1	
5	Z3040型摇臂钻床③	Z3040型摇臂钻床或Z3040型摇臂钻床模拟电气装置	台	1	
6	电路图	Z3040型摇臂钻床电气控制电路图	套	1	
7	模拟行车④	模拟行车或行车模拟电气控制装置	台	1	
8	电路图	行车电气控制电路图	套	1	

(续)

序号	名称	型号与规格	单位	数量	备注
9	故障排除所用材料	与相应的配线板配套	套	1	
10	三相四线电源	~3×380V/220V、20A	处	1	
11	黑胶布	自定	卷	1	
12	透明胶布	自定	卷	1	
13	劳保用品	绝缘鞋、工作服等	套	1	

①~④考点根据情况准备2种即可。

2. 工具、仪器、仪表准备

序号	名称	型号与规格	单位	数量	备注
1	电工通用工具	验电笔、钢丝钳、螺钉旋具（一字形和十字形）、电工刀、尖嘴钳、活扳手、剥线钳、编码笔等	套	1	
2	万用表	自定	块	1	
3	绝缘电阻表	型号自定，或500V、0~200MΩ	台	1	
4	钳形电流表	0~50A	块	1	

3. 考场要求

1）考场每个考位至少保证 $2m^2$ 面积，每个考位有固定台面，台面右上角贴有考号，考场采光良好（工作面照度不低于100lx），不足部分采用照明补充。

2）考场应干净整洁，无环境干扰，空气新鲜，有防火措施。考前由考务人员检查考场各考位应准备的材料、设备、工具是否齐全，所贴考号是否有遗漏。

3）以上材料准备和工具、仪器、仪表准备的数量供单套或单人使用，考场准备时，应根据学生实际人数准备总数量。

（二）技能考核试题：M7130型平面磨床电气控制电路故障检修

1. 本题分值：100分

2. 考核时间：30min

3. 考核形式：现场操作

4. 具体考核要求

检修M7130型平面磨床电气控制电路故障，在M7130型平面磨床电气控制电路中，设隐蔽故障2处。考生向考评员询问故障现象时，考评员可以将故障现象告诉考生，考生必须单独排除故障。

1）根据故障现象，在电气控制电路图上分析故障可能产生的原因，确定故障发生的范围并排除。

2）正确使用电工工具、仪器和仪表。

3）在考核过程中，带电进行检修时，注意人身和设备的安全。

5. 否定项说明

违反安全文明生产规定每一项从总分中扣除 2 分；发生重大事故者立即取消考试资格且总分为 0 分。

（三）M7130 型平面磨床电气控制电路故障检修排故记录表

开始时间_____　　结束时间_____

序号	故障名称	
1	查故 排故 步骤	
2	故障名称	
	查故 排故 步骤	

（四）M7130 型平面磨床电气控制电路故障检修排故评分表

序号	考核内容	考核要求	评分标准	配分	得分
1	调查研究	对每个故障现象进行调查研究	排除故障前不进行调查研究每个扣 5 分	10	
2	故障分析	在电气控制电路图上分析故障可能的原因，思路正确	1. 错标或标不出故障范围每个故障点扣 10 分 2. 不能标出最小的故障范围每个故障点扣 10 分	30	
3	故障排除	正确使用工具和仪表，找出故障点并排除故障	1. 实际排除故障中思路不清楚每个故障点扣 10 分 2. 每少查出一个故障点扣 20 分 3. 每少排除一个故障点扣 20 分 4. 排除故障方法不正确每处扣 10 分	60	
4	其他	操作有误，从此项总分中扣分	1. 排除故障时，产生新的故障后不能自行修复，每个扣 10 分；已经修复，每个扣 5 分 2. 损坏电动机扣 20 分		
5	安全文明生产	按国家颁布的安全生产或企业有关规定考核	本项为否定项（见考题）		
备注			合计	100	
考评员签字				年　月　日	

附录 B

常用电器、电机图形与文字符号

类别	名称	图形符号	文字符号	类别	名称	图形符号	文字符号
开关	单极控制开关		SA	按钮开关	复合按钮		SB
	手动开关一般符号		SA		急停按钮		SB
	三极控制开关		QS		钥匙操作式按钮		SB
	三极隔离开关		QS	接触器	线圈		KM
	三极负荷开关		QS		常开主触点		KM
	组合旋钮开关		QS		常开辅助触点		KM
	低压断路器		QF		常闭辅助触点		KM
位置开关	常开触点		SQ	热继电器	驱动元件		FR
	常闭触点		SQ		常闭/常开触点		FR
	复合触点		SQ	中间继电器	线圈		KA
按钮开关	常开按钮		SB		常开触点		KA
	常闭按钮		SB		常闭触点		KA

（续）

类别	名称	图形符号	文字符号	类别	名称	图形符号	文字符号
时间继电器	瞬时断开常闭触点		KT	电压继电器	过电压线圈		KV
	通电延时闭合常开触点		KT		欠电压线圈		KV
	通电延时断开常闭触点		KT		常开触点		KV
	断电延时断开常开触点		KT		常闭触点		KV
	断电延时闭合常闭触点		KT	非电量继电器	速度继电器常开触点		KS
	通电延时线圈		KT		压力继电器常开触点		KP
	断电延时线圈		KT	熔断器	熔断器		FU
	瞬时闭合常开触点		KT	电磁操作器	电磁铁	或	YA
电流继电器	过电流线圈		KA		电磁吸盘		YH
	欠电流线圈		KA		电磁离合器		YC
	常开触点		KA		电磁制动器		YB
	常闭触点		KA		电磁阀		YV
电动机	三相笼型异步电动机		M		插头和插座		XP XS
	三相绕线转子异步电动机		M	互感器	电流互感器		TA
	他励直流电动机		M		电压互感器		TV
	并励直流电动机		M		电抗器		L

（续）

类别	名称	图形符号	文字符号	类别	名称	图形符号	文字符号
电动机	串励直流电动机	(M)	M	变压器	单相变压器	⊐‖⊏	TC
发电机	发电机	(G)	G	变压器	三相变压器	三相变压器符号	TM
发电机	直流测速发电机	(TG)	TG	灯	信号灯	⊗	HL
				灯	照明灯	⊗	EL

参考文献

[1] 周建清,王金娟.机床电气控制[M].北京:机械工业出版社,2018.
[2] 人力资源社会保障部.工匠精神读本[M].北京:中国劳动社会保障出版社,2016.
[3] 人力资源和社会保障部教材办公室.电力拖动控制线路与技能训练(第5版)练习册[M].北京:中国劳动社会保障出版社,2014.